U0185894

DK动物百科系列

恐龙

走进恐龙和其他史前生物的世界

英国DK出版社 著
庆慈 译
邢立达 审译

科学普及出版社
·北 京·

Original Title: Everything You Need to Know About Dinosaurs

著作权合同登记号：01-2020-3711

图书在版编目(CIP)数据

DK动物百科系列 ： 恐龙 / 英国DK出版社著 ； 庆慈译.-- 北京 ： 科学普及出版社，2020.10(2023.8重印)
ISBN 978-7-110-10115-5

Ⅰ. ①D… Ⅱ. ①英… ②庆… Ⅲ. ①动物—少儿读物②恐龙—少儿读物 Ⅳ. ①Q95-49②Q915.864-49

中国版本图书馆CIP数据核字(2020)第104614号

策划编辑　邓　文
责任编辑　白李娜
封面设计　朱　颖
图书装帧　金彩恒通
责任校对　吕传新
责任印制　徐　飞

科学普及出版社出版
北京市海淀区中关村南大街16号　邮政编码：100081
电话：010-62173865　传真：010-62173081
http://www.cspbooks.com.cn
中国科学技术出版社有限公司发行部发行
惠州市金宣发智能包装科技有限公司印刷
*
开本：889毫米×1194毫米 1/16　印张：5　字数：120千字
2020年10月第1版　2023年8月第11次印刷
ISBN　978-7-110-10115-5/Q・252
印数：93001—103000 册　定价：58.00元

For the curious
www.dk.com

目 录

简介

生活在远古时代的**恐龙**，是地球上曾经最壮丽的生物。

有些恐龙**体型巨大**，比曾经生存在地球上的任何陆生动物都要大。

许多恐龙长着奇怪的**角**、**棘刺**、**颈盾**，用来吓退敌人，或者向异性展示。

还有些恐龙长着恐怖的**尖牙**和**利爪**，用来捕杀猎物。

有些恐龙甚至身披**羽毛**，能够保持体温。

最令人惊奇的是，科学家现在已经确认**并不是所有的恐龙都已经灭绝了**。幸存下来的恐龙后裔就生活在我们身边，那就是鸟类。

生存故事

地球有着四十多亿年的历史，而**恐龙**只属于其众多生命故事中的一个篇章。在漫长的地质时代中，无数生命出现、进化、消亡，而生物的消亡主要集中在几次生物大灭绝时期内。

地质时代

地球的地质时代分为几个代，其下又分为若干个纪。

元古代
中生代
古生代
新生代
生物大灭绝
地球形成
46 亿~5.41 亿年前
前寒武纪
在几十亿年的时间里，地球上唯一的生物就是细菌和单细胞藻类。
奇虾
5.41 亿~4.85 亿年前
寒武纪
出现于距今约 6 亿年前的多细胞动物，在此时的海洋中开始繁盛。
前进三格
奥陶纪
一些披覆坚硬甲胄的动物生活在此时的海洋中，早期鱼类开始出现。
4.85 亿~4.43 亿年前
鳞木
3.58 亿~2.98 亿年前
石炭纪
树木、昆虫、蜘蛛及原始爬行动物出现了，整个陆地变得生机盎然。
泥盆纪大灭绝
生活在泥盆纪的物种超过 3/4 都灭绝了。
后退一格
节甲鱼
全球性大灭绝
这个时期海洋中超过一半的物种消失了。
泥盆纪
在这个时期，海洋中出现了许多全新的鱼类。
后退两格
4.43 亿~4.19 亿年前
志留纪
原始绿色植物，如顶囊蕨开始在陆地上生长。与此同时，鱼类已经进化成与今天的鱼类极为相似的模样。
前进三格
顶囊蕨
4.19 亿~3.58 亿年前

新近纪

现代鸟类和哺乳类开始出现。非洲大陆上进化出了人类的祖先。

阿根廷巨鹰

0.23 亿～0.02 亿年前

第四纪

200 万年前至今

随着一系列冰期的降临，人类开始扩散到世界各地。

尤因他兽

你需要

- 一个骰子
- 一位或者多位朋友，可以一起玩游戏
- 每个人用一个小物件当作棋子

古近纪

鸟类幸存下来并开始繁盛，哺乳类开始快速进化，取代了陆生大型恐龙的生态位。

0.66 亿～0.23 亿年前

前进两格

大悲剧

大型恐龙全部灭绝了。

后退两格

白垩纪

最早期的开花植物出现，恐龙类群中出现了一些最为特化的种类。

古花

1.45 亿～0.66 亿年前

二叠纪

哺乳类的祖先出现。当时的地球为干燥的沙漠性气候，因此爬行类动物十分繁盛。

2.98 亿～2.52 亿年前

长棘龙

游戏规则

玩家分别掷骰子，点数最高的玩家先走。按照掷骰子的点数，顺着起点到终点的方向走相应的格数。如果来到标注着前进或者后退的格子中，按照指示走。第一个到达终点的人获胜！

侏罗纪

恐龙进化成数个大类，成为当时陆地上的霸主。

大灭绝

史上最严峻的一次生物大灭绝席卷了地球，当时几乎所有的生物都灭绝了。

后退到起点

2.52 亿～2.01 亿年前

蓓天翼龙

后退三格

三叠纪

生命开始缓慢恢复。早期恐龙、翼龙、真兽类出现。

对手的灭亡

恐龙的绝大多数竞争者在此次大灭绝中消亡。

2.01 亿～1.45 亿年前

冠龙

寻找化石

我们对于**恐龙**的一切了解都是源于对**恐龙化石**的研究。许多化石是动物身体的**遗骸**（如**骨骼**和**牙齿**）深埋于地下，经过漫长的岁月变迁而变成的**石头**。化石的发现常常是**偶然的**。即使是富有经验的科学家，也会因为发现一块化石而倍感**惊喜**。

鲨鱼牙齿化石

蕨叶化石

化石分为很多类型，都可以为科学家提供有关史前生命的重要信息。快来走一走下图这个迷宫，找到令人惊奇的化石吧！

模铸化石

模铸化石是由动物压进柔软的基质中后，显现出动物身体轮廓的基质石化形成的。左图中是三**叶虫化石**，这是一种在远古时期就已灭绝的海洋生物。

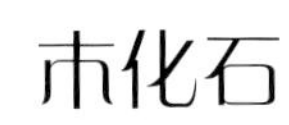

木化石

在木化石的横断面上，展现**远古树木**年龄的年轮清晰可见。这些树木的叶片可能被恐龙吃掉过呢。

恐龙足迹

上图中的三趾足迹显示这是由一只**肉食性兽脚类恐龙**留下的。这种由动物活动留下的痕迹形成的化石就是遗迹化石。

困在琥珀中

这只**蜘蛛**在几百万年前被困在了黏糊糊的松脂中。松脂逐渐变硬，最终形成了岩石般的琥珀，藏在里面的蜘蛛没有受到任何破坏，细节纤毫毕现。

身体化石

大多数恐龙化石是由身体部分形成的，如这具霸王龙骨骼化石。通常情况下，骨骼都呈现散开的状态，但有时也会有连接完好的骨骼化石出土，还保持着动物活着时的状态。

化石猎人

恐龙化石可以保存数百万年之久，这是因为它们封藏在岩石中。当岩石因为自然外力等因素破裂时，其中隐藏的化石就会重见天日。科学家组成特别考察队，远赴野外寻找化石，有时会发掘出从未发现过的恐龙类群证据。

发现

世界上有些地方，恐龙时代地层的岩石中含有上百个甚至上千个恐龙化石。这些地点很有名气，但还有许多富含恐龙化石的地点深藏于地下，等待眼光锐利的化石猎人去发现。

修复

有些化石嵌在软质的岩石里，很容易分离、清理。但还有些化石位于坚硬的岩石中，必须小心开凿。这些脆弱易碎的化石常常被连同周围的岩石一起切割下来，在彻底清理出来之前还会用石膏加固保护。

研究

回到实验室之后，科学家开始清理化石，并仔细研究它们。科学家通常能辨认出化石所属的种类，但有时发现的化石属于全新的种类，这是非常令人激动的一件事情。科学家有时用恐龙骨骼化石的复制品搭建出完整的恐龙骨架，就像在博物馆中展出的那样。

工具

将化石从岩石上剥离出来时必须小心翼翼，而且可能需要花费数月时间。科学家首先会使用锤头和凿子，但他们最后必须用非常精细的刮刀和刷子清理，确保化石的细微部分不会损坏。

复原

一具骨骼化石通常都是不完整的，所以科学家利用已知类似动物的知识，重建出这些缺失的部分。他们还能复原恐龙肌肉的位置和形状。最后，科学家能复原一只恐龙原本的模样。

恐龙科学

一直以来，科学家都在努力研究恐龙是如何生活的、它们的机体是如何运转的。如今，由于新技术的发展及对细节保持得非常完好的恐龙化石的研究，科学家有了更多的发现。

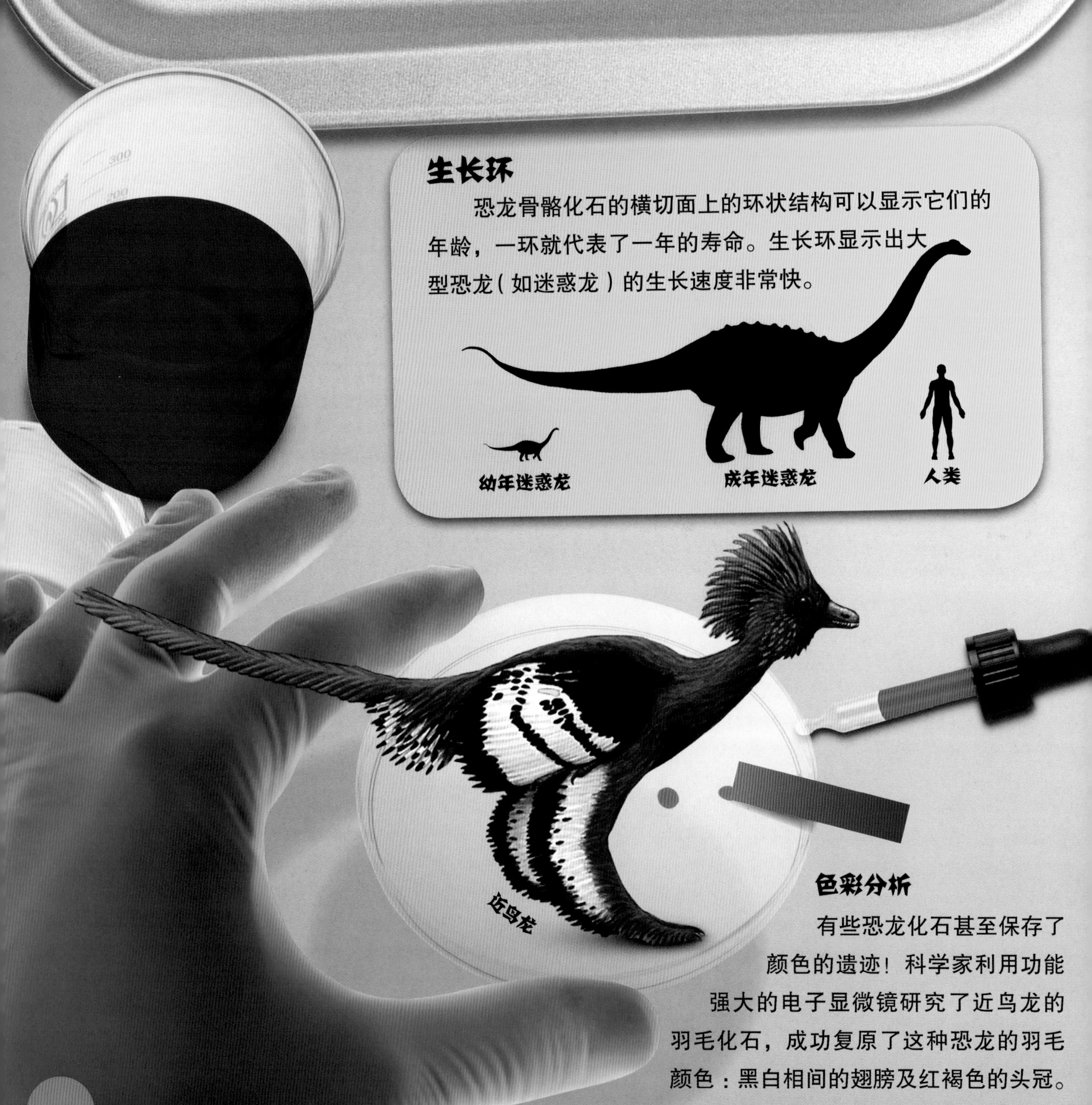

生长环

恐龙骨骼化石的横切面上的环状结构可以显示它们的年龄，一环就代表了一年的寿命。生长环显示出大型恐龙（如迷惑龙）的生长速度非常快。

色彩分析

有些恐龙化石甚至保存了颜色的遗迹！科学家利用功能强大的电子显微镜研究了近鸟龙的羽毛化石，成功复原了这种恐龙的羽毛颜色：黑白相间的翅膀及红褐色的头冠。

活动模型

工程师能通过制作恐龙的机械模型来测试它们的运动模式。科学家利用这些测试结果研究恐龙的肌肉有多强壮——甚至包括这些体型庞大的猎手一口咬下去的咬合力。

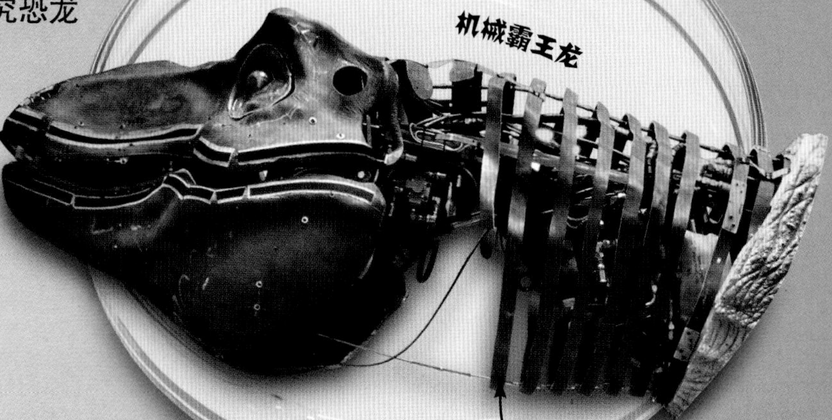

机械霸王龙

骨骼是用坚固的金属制成的

中华龙鸟化石

身体上覆盖着一层绒状羽毛

胃内容物也保持完好

超级化石

大多数有关恐龙的最激动人心的发现，都来自对那些保存高度完好的化石的研究，如在中国辽宁省出土的一些化石。左图中的中华龙鸟化石保留着皮肤、羽毛，甚至还有它吃的最后一顿美餐。

计算机建模

科学家通过医学扫描仪获得恐龙骨骼化石的三维计算机图像。他们利用这些图像建立恐龙的三维模型，然后让模型动起来，研究恐龙的运动模式。

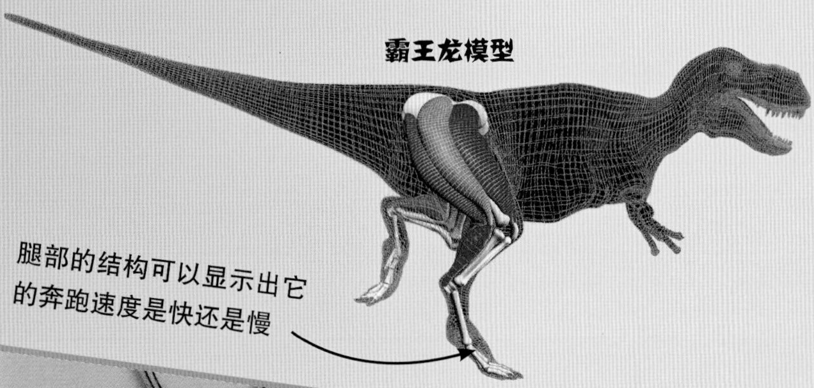

霸王龙模型

腿部的结构可以显示出它的奔跑速度是快还是慢

中生代

最早的恐龙出现于 2.3 亿年前，大约就在中生代初期。中生代这个漫长的地质时代可以分为三个时期：三叠纪、侏罗纪和白垩纪，在 6600 万年前因为一场地质灾难而结束。

三叠纪

地球内部巨大的力量迫使地壳板块不断地运动，将各个大陆聚在一起或者分离开来。在三叠纪，各大陆汇聚形成一个巨大的超级大陆，叫作盘古大陆。

侏罗纪

在侏罗纪，盘古大陆分裂形成两个小一些的大陆——劳亚古大陆和冈瓦纳大陆。从前超级大陆上的沙漠性气候转变为更温暖、更湿润的气候，使得森林茁壮生长。

中生代**气候温暖，**

1.45亿年前

白垩纪

在白垩纪，劳亚古大陆和冈瓦纳大陆再分裂形成更小一些的陆地，与我们今天地球上的各大洲很相似。许多地区的浅海此后转变成干燥的陆地。

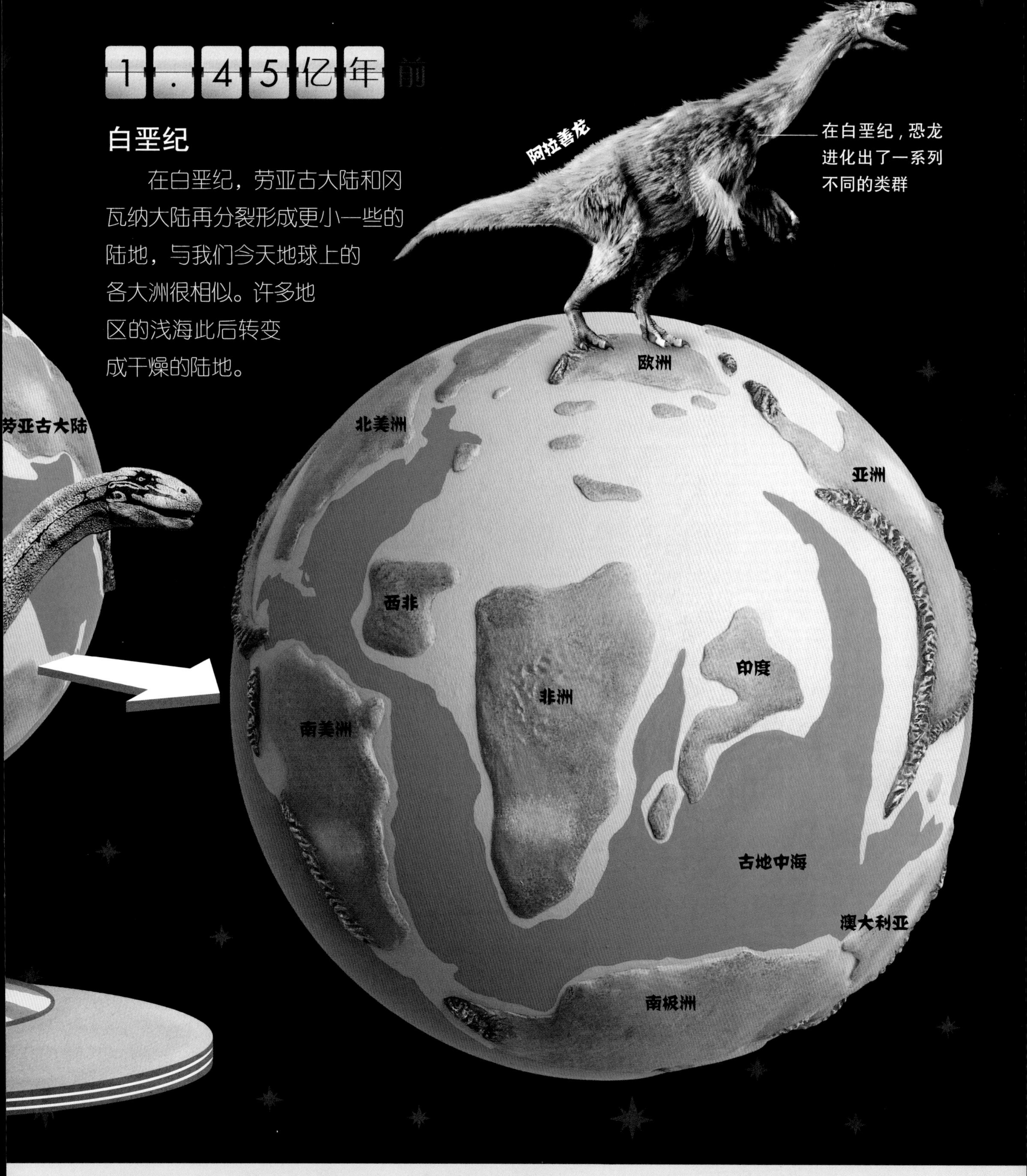

两极只有**少许冰雪，甚至无冰。**

回到中生代

想象一下你能回到史前时代——迄今超过 2 亿年的中生代早期，你就会发现一个与现在截然不同的世界：没有小草，没有鲜花，陆地上的统治者是巨大的爬行动物。不过，那时候已经出现了小型哺乳动物和昆虫，与今天生活在我们身边的种类十分相似。

植物

昆虫

哺乳动物

中生代早期只有不开花的树木和其他植物，如上图这种肋木及苏铁、松柏、苔藓和蕨类。开花植物在白垩纪出现，草类则在整个中生代末期才出现。

昆虫，如上图这只巨大的蜻蜓，在很久之前就已经出现。但是它们在中生代才开始繁盛，并进化出我们今天所知的大多数类群。它们是小型恐龙的重要食物。

摩尔根兽的体型仅为老鼠般大小，是一种典型的小型哺乳动物，以昆虫为食，生活在恐龙时代的角落里。它们与恐龙在同一时期出现，但是直到中生代末期之前，体型一直都非常小。

古生代

5.42 亿年前

4 亿年前

3 亿年前

开始

发射

让人眼花缭乱的恐龙

在漫长的起始阶段之后，中生代的恐龙进化成为一系列令人惊异的多样化类群。科学家已经发现了 800 多种不同的种类，而且很可能有超过 10 倍的种类并没有留下化石。

巨龙　木他龙　甲龙　五角龙　南方巨兽龙

爬行动物

在中生代早期，恐龙第一次出现时，地球上最大的陆地动物是鳄鱼和类似的爬行动物，如波斯特鳄——一种体型庞大健壮，很可能以早期恐龙为食的猎手。然而，这些爬行动物大多数都在三叠纪末期灭绝了，之后恐龙就登上了地质历史的舞台。

恐龙

早期恐龙是体型娇小、身体修长的爬行动物，用两条后腿行走。已发现的早期的种类之一是始盗龙，体型如火鸡大小，生活在 2.3 亿年前（接近三叠纪中期）的非洲南部。它长着锋利的牙齿和尖爪，说明它是一种捕食动物。

中生代　新生代

2 亿年前　1 亿年前　现在

停止

波浪之下

在巨大的恐龙漫步于陆地上的时代，海洋中也游弋着类似的生物。这些海洋爬行动物与恐龙的亲缘关系不算近，但是其中许多种类也是体型庞大、令人惊叹的物种，它们张着大嘴，追逐海洋中的猎物。

幻龙

这种与鳄鱼长相类似的捕食者生活在三叠纪中晚期的浅海岸边，此时陆地上早期的恐龙正在演化之中。幻龙长着又长又尖的利齿，非常适于捕捉滑溜溜的大型鱼类。

鱼龙

与幻龙不同，鱼龙的一生都在海洋中度过，它们的生活习性很像海豚。鱼龙的体型呈流线型，游泳速度极快，以鱼类、乌贼及其他海洋生物为食，是侏罗纪早期海洋中的捕食者。

脖子和身体其他
部位一样长
与鳄鱼类似的锋利
牙齿使**沧龙**成为可
怕的掠食者

薄片龙

长脖子的蛇颈龙类，如薄片龙，都长着巨大的鳍状肢，用于划水，就像在海洋中“飞行”一般。这种生活于白垩纪晚期的海洋爬行动物在海床上搜寻贝类，并在开阔海域捕捉鱼类和乌贼。

克柔龙

蛇颈龙类的一个分支进化成了强大的捕食者，称为上龙类，它们长着较短的脖子、巨大的上下颌以及令人生畏的利齿。生活在白垩纪晚期的克柔龙是其中体型最大的一种，体长可达 9 米。

沧龙

沧龙出现在白垩纪早期，并在中生代末期的 2000 万年间成为海洋中的顶级捕食者。其中体型最大的种类足以杀死其他海洋爬行动物。

空中猎手

恐龙属于一大类**爬行动物**类群，称为**主龙类**，这个类群还包括**鳄类**、已经灭绝的会飞的爬行动物**翼龙**。翼龙是动作敏捷、浑身毛茸茸的动物，有点像**巨型的蝙蝠**，而不是我们今天看到的行动缓慢、长满鳞片的爬行动物。

喙嘴龙化石

虽然喙嘴龙生活在侏罗纪晚期，但它们有着**长长的尾巴**，这是早期翼龙类的典型特征。在这块保存完好的**骨骼化石**上，一只喙嘴龙**短短的腿**蜷缩在娇小、轻巧的身体下方。

翼龙如何进化而来

最早期的翼龙出现于三叠纪晚期。它们的体型与乌鸦相仿，有着短脖子和长尾巴。随后在侏罗纪和白垩纪出现的种类则开始拥有短尾巴、长脖子、喙状颌，头上长着头冠。有些种类的翼龙体型非常庞大，如风神翼龙，它们的翅膀大小几乎与小型飞机相当。

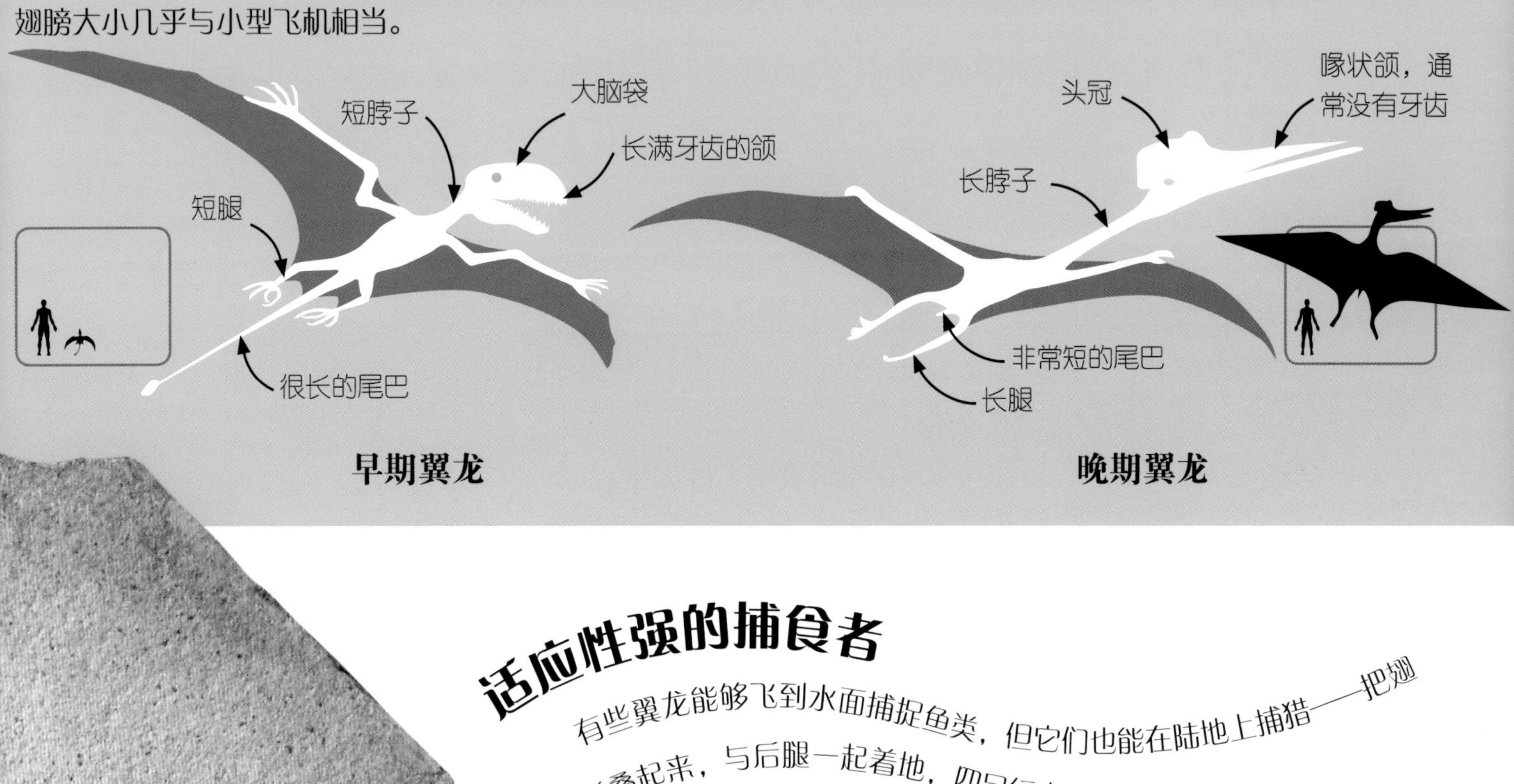

适应性强的捕食者

有些翼龙能够飞到水面捕捉鱼类，但它们也能在陆地上捕猎——把翅膀折叠起来，与后腿一起着地，四足行走。

较大的大脑

翼龙的大脑较大，这是因为大脑上有特别发达的部分，用于控制飞行动作。

覆有皮膜的翅膀

翼龙的翅膀是通过延展的皮膜构成的，里面由非常长的指骨作支撑。

毛茸茸的身体

有些保存非常完好的翼龙化石表明，它们的身体上覆盖着一层厚厚的绒毛。

翩翔的翼龙

翼龙是有史以来天空中最壮观的动物。有些种类的翼龙体型非常庞大，远远超过今天的鸟类；还有些种类的翼龙头上长着引人注目的装饰性头冠。

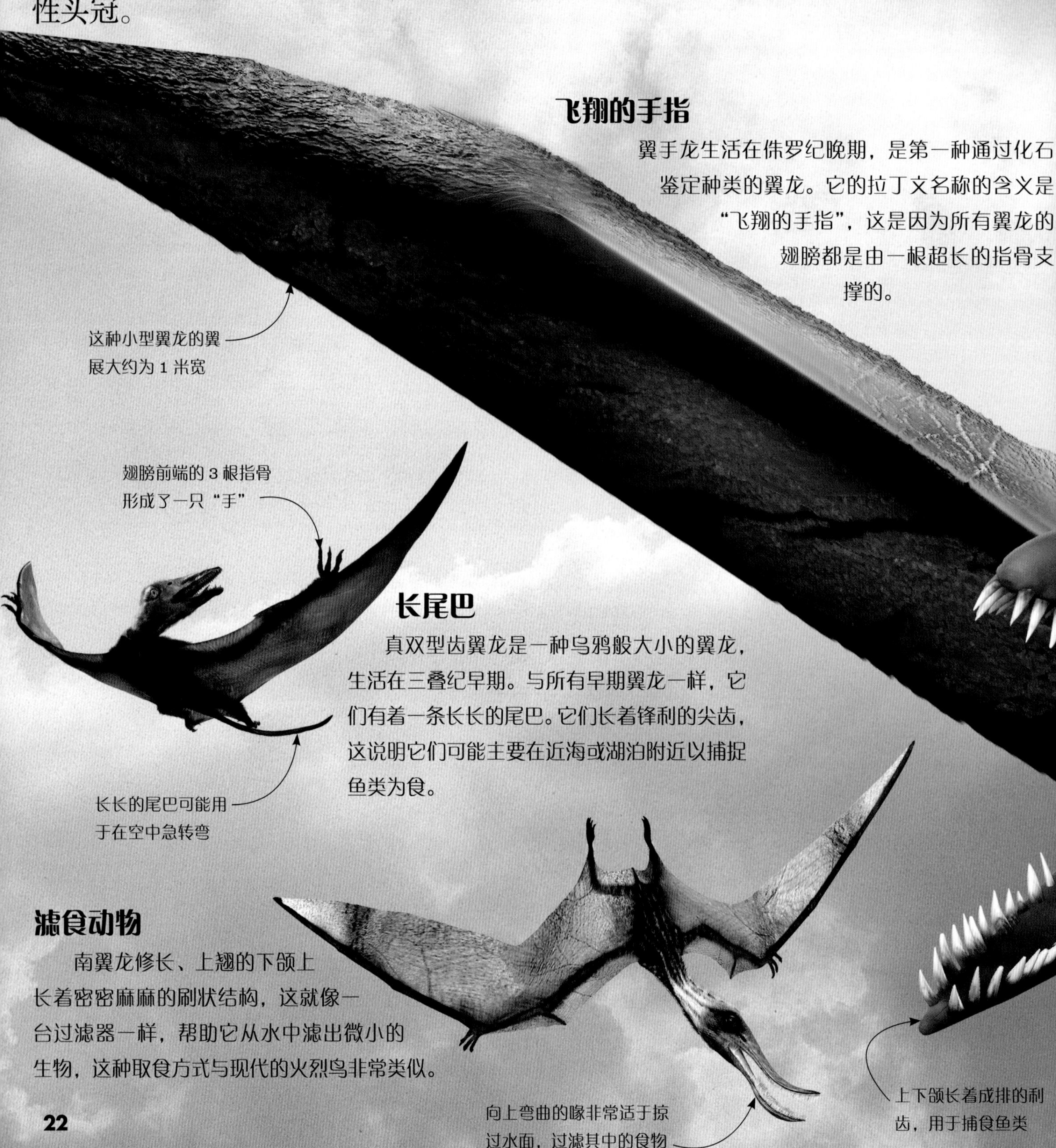

这种小型翼龙的翼展大约为 1 米宽
翅膀前端的 3 根指骨形成了一只“手”
长长的尾巴可能用于在空中急转弯
向上弯曲的喙非常适于掠过水面，过滤其中的食物
上下颌长着成排的利齿，用于捕食鱼类

飞翔的手指

翼手龙生活在侏罗纪晚期，是第一种通过化石鉴定种类的翼龙。它的拉丁文名称的含义是“飞翔的手指”，这是因为所有翼龙的翅膀都是由一根超长的指骨支撑的。

长尾巴

真双型齿翼龙是一种乌鸦般大小的翼龙，生活在三叠纪早期。与所有早期翼龙一样，它们有着一条长长的尾巴。它们长着锋利的尖齿，这说明它们可能主要在近海或湖泊附近以捕捉鱼类为食。

滤食动物

南翼龙修长、上翘的下颌上长着密密麻麻的刷状结构，这就像一台过滤器一样，帮助它从水中滤出微小的生物，这种取食方式与现代的火烈鸟非常类似。

头冠看起来很大，
但非常轻
许多种类的雄性翼
龙长着长长的、颜
色艳丽的头冠
修长的翅膀非常适
于乘着海风飞翔

色彩鲜艳的头冠

雷神翼龙是一种非常美丽的动物，生活在白垩纪早期，如今巴西所在的地方。它的头上长着巨大的头冠，是由类似鸟类喙部的组织构成的。头冠中还有两块骨板支撑。

无牙巨怪

风神翼龙生活在白垩纪晚期，是体型非常大的翼龙，翼展可达 6 米。它长着长长的喙，没有牙齿，很可能在海面上捕食鱼类，如同现代的信天翁一样。

恐龙系谱树

恐龙在最早以前和翼龙同属于一类爬行动物，后来在三叠纪早期演化成独立的分支。在三叠纪晚期，恐龙又分成两个基本类群：鸟臀类和蜥臀类，以此为基础再分为五大恐龙类群。

鸟脚类

鸟脚类恐龙是非常成功的恐龙类群之一。它们为植食性，以两条后腿着地行走，这一点与肉食性的兽脚类恐龙相似。体型较大的鸟脚类恐龙，如弯龙，有时用四足行走。

头饰龙类

这个类群由两大类植食性恐龙组成：头上覆有厚厚骨板的肿头龙类，以及面部长角、头后方长有巨大颈盾的角龙类，如戟龙。

覆盾龙类

全副武装的覆盾龙类恐龙属于早期的鸟臀类恐龙，这个类群包括背上长着成排的背板和棘突的剑龙类，以及如坦克一般粗壮结实的甲龙类，如埃德蒙顿甲龙。

鸟臀类

鸟臀类恐龙全是植食性的，脖子较短。它们用喙和牙齿切割、磨碎植物。它们的腰带骨与现代鸟类的腰带骨类似，不过它们与鸟类的亲缘关系并不近。

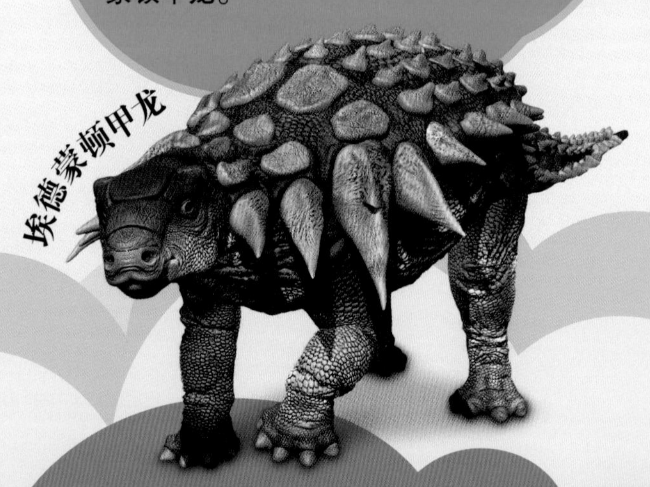

鸟臀状腰带骨

在中生代，地球上生活着1000多种恐龙。

蜥脚类

这一类型的恐龙包括一些真正的巨怪。它们是植食性的，四条粗壮的腿着地，支撑庞大的身躯。大多数蜥脚类恐龙有着非常长的脖子，有些还有同样长的尾巴。

鸟类

兽脚类除了恐爪龙这样的恐龙之外，还演化出了鸟类，它们至今依然生活在我们身边。

伊比利亚鸟

兽脚类

几乎所有的兽脚类恐龙都是捕食动物——以猎捕其他动物为食的肉食性动物。它们以两条后腿行走奔跑。一些兽脚类恐龙有着巨大的颌，而另一些则更像现代的鸟类。

蜥臀类

蜥臀类恐龙的脖子比鸟臀类恐龙的长。其中有植食性恐龙——蜥脚类，也有肉食性猎手——兽脚类。典型的蜥臀类恐龙的腰带骨与蜥蜴的腰带骨类似。

有些恐龙是有史以来陆地上**最大**的动物。

为恐龙命名

科学家是用拉丁文和希腊文来为恐龙拟定学名的。所有的动物都有学名。有些种类的动物有一个相同的“姓”（学名中第一个词，即属名），如孟加拉虎的学名为 *Panthera tigris*，非洲狮的学名为 *Panthera leo*。这两种猫科动物都属于豹属（*Panthera*），它们的亲缘关系很近。恐龙的命名法与此完全相同。

鹦鹉嘴龙

Psittacosaurus

鹦鹉嘴龙的嘴很像鹦鹉的喙。它的名字取自单词“psittacine”——这是包括鹦鹉在内的一类鸟类的统称；以及“saurus”——希腊文中的“蜥蜴”一词。所以，鹦鹉嘴龙的学名 *Psittacosaurus* 意思是“鹦鹉蜥蜴”。

伶盗龙

Velociraptor

伶盗龙的骨骼化石显示，它是一名奔跑速度很快的猎手。它的名字在拉丁文中的意思为“敏捷的盗贼”。就像非洲狮和孟加拉虎一样，这个“姓”下还有两个“名”，分别是 *Velociraptor mongoliensis*（蒙古伶盗龙）和 *Velociraptor osmolskae*（奥氏伶盗龙）。

似鸟龙
Ornithomimus
似鸟龙身体纤细，腿很长，还长着喙状嘴，让科学家联想起了鸵鸟及其他奔跑迅速的鸟类，因此给它命名为 Ornithomimus——希腊文中的意思是“鸟类模仿者”，尽管这种恐龙完全不会飞。
三角龙
Triceratops
三角龙的显著特征是眼睛上方的一对角和鼻子上的一只角。它的名字也体现了这种外形特征——学名 Triceratops 来自三个希腊文单词的组合，意思是“长着三只角的脸”。

身体内部

恐龙化石一般只能保留它们的骨骼和牙齿，有时也可能有皮肤和羽毛保存下来。但是科学家已经能模拟出它们的肌肉形状，甚至还知道它们是如何消化食物的。

猎手的身体内部

霸王龙是体型非常大的兽脚类（几乎全是肉食性恐龙）之一。这位猎手的身体有许多特化的构造，如巨大的颌和牙齿。

强健的**颈部肌肉**
霸王龙能够抬起
重的头部和颌部

强健有力的**心脏**能够将血流通过长长的脖子泵入头部

前肢十分短小，每个前肢上有两指，上面长着锋利的爪

庞大的身躯里有着巨大的**胃**和长长的**消化道**

植食者的身体内部

长脖子的蜥脚类恐龙，如腕龙，已经特化为主要从高高的树顶取食叶片。它们庞大的身躯与这种饮食习惯完美契合。

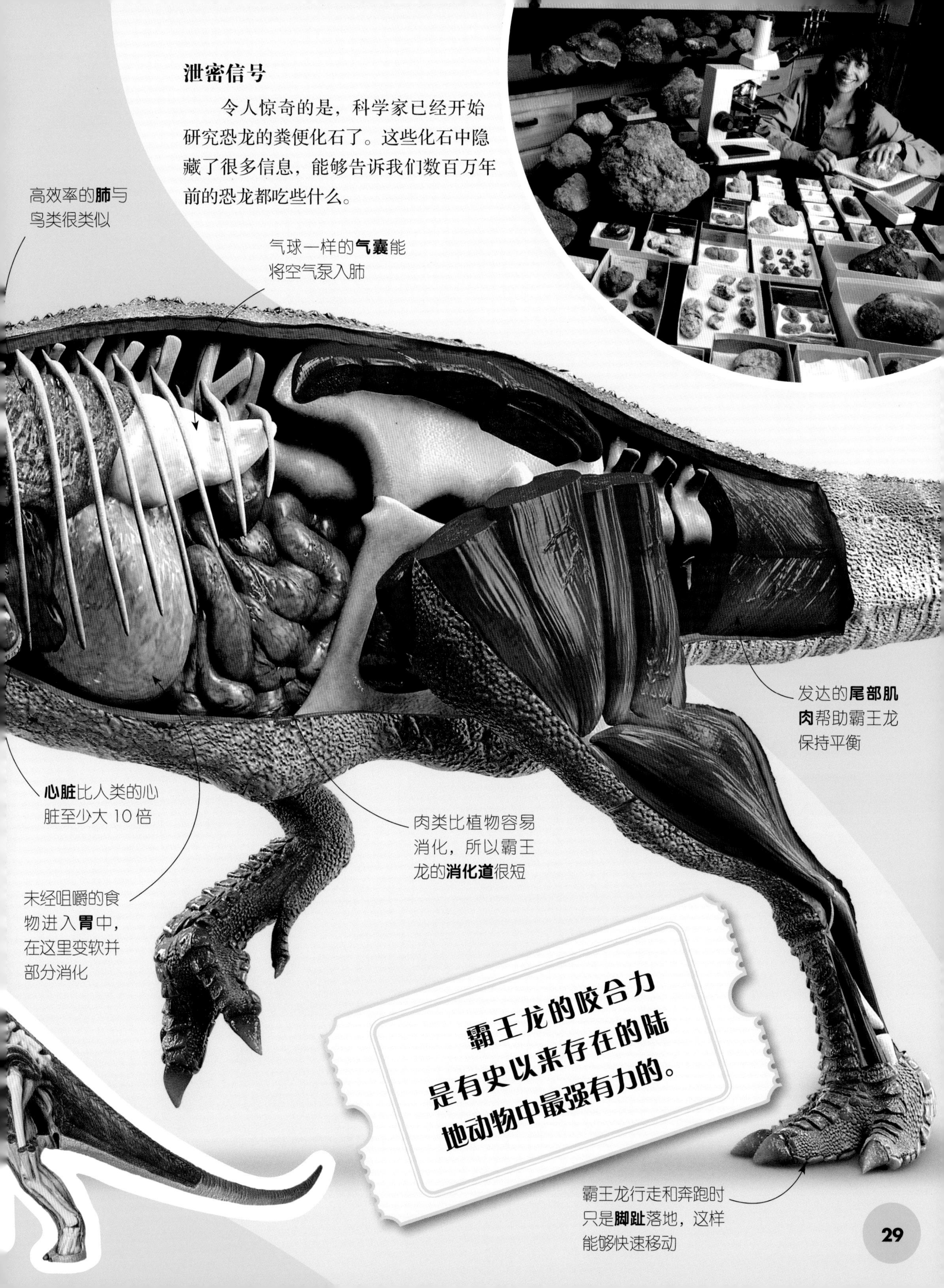

泄密信号
令人惊奇的是，科学家已经开始研究恐龙的粪便化石了。这些化石中隐藏了很多信息，能够告诉我们数百万年前的恐龙都吃些什么。
高效率的**肺**与鸟类很类似
气球一样的**气囊**能将空气泵入肺
发达的**尾部肌肉**帮助霸王龙保持平衡
心脏比人类的心脏至少大10倍
肉类比植物容易消化，所以霸王龙的**消化道**很短
未经咀嚼的食物进入**胃**中，在这里变软并部分消化
霸王龙的咬合力是有史以来存在的陆地动物中最强有力的。
霸王龙行走和奔跑时只是**脚趾**落地，这样能够快速移动

超级感官

无论是捕食者还是被捕食者，动物都需要灵敏的感官才能生存。化石证据，如发达的耳骨和眼眶，表明恐龙也不例外。

被捕食的动物需要灵敏的感官来及时发现危险，才能幸存下来。

捕食动物需要敏锐的感官来寻找和捕获猎物。

大大的眼睛能在光线昏暗的环境中保持良好视力

视觉

小型植食性恐龙**雷利诺龙**的眼眶很大，说明它们的眼睛也很大。这可能是因为它们的栖息地要经历光线十分昏暗的冬季，而使它们产生的一种适应性。科学家推测还有一部分恐龙拥有良好的视力，是为了在夜晚外出活动，以及辨认出其他恐龙颜色鲜艳的头冠。

高高的骨质头冠是中空的

听觉

有些鸭嘴龙类，如赖氏龙，头骨中具有空腔，可能是为了如同喇叭一样放大它们的叫声。这说明叫声对它们很重要，而且表明它们的听觉很好。捕食者也需要良好的听觉，用以发现猎物发出的声音。

灵敏的嗅觉至关重要

暴君之王

霸王龙的学名 *Tyrannosaurus rex* 意思是“暴君蜥蜴之王”。它是一位凶猛残暴的猎手。霸王龙的大脑形状表明它的嗅觉和视觉都非常敏锐，善于搜寻猎物。它的眼眶形状表明眼睛朝前，如同大多数捕食动物一样，这能帮助它准确判断出目标猎物的距离。

嗅觉

有些捕食动物依赖嗅觉寻找猎物，如**犹他盗龙**就有长长的口鼻部，说明它们的嗅觉十分敏锐。还有些捕食动物也吃腐烂的动物尸体，它们能够通过空气中飘散的腐肉气味找到动物尸体的位置。

大脑的力量

与庞大的体型相比，有些恐龙的大脑小得出奇。大多数恐龙的智力还不如鳄鱼，但是也有一些恐龙比我们过去想象得要聪明。

肯氏龙的体型和公牛一般大小，但它们的大脑还没有一个核桃大。

伤齿龙

如果恐龙要举办一场问答测验，那么，伤齿龙这位轻量级猎手将会当选为主持人。它的大脑所占身体的比例远超过一般恐龙，因此它一定是非常聪明的。这或许可以帮助它更好地捕获猎物。

肯氏龙

这只全身长满棘刺的恐龙属于剑龙类——一类植食性恐龙，与庞大的身体相比，它的大脑很小。肯氏龙可能不那么聪明，不过它的食物很好获得，所以它也没必要非常聪明。

谁是最聪明的？

伤齿龙是迄今为止发现的智力最高的恐龙，不过，其他一些捕食性恐龙也是十分聪明的。植食性恐龙就不太聪明了，尤其是剑龙类和蜥脚类。

盔龙

从大脑的尺寸来看，一些晚期的鸟脚类恐龙比大多数植食性恐龙都要聪明。盔龙群体很可能正是因此而能够彼此沟通——它一定能赢得这次问答测验的冠军！

纳摩盖吐龙

许多长着长脖子的蜥脚类恐龙比大象还要大——实际上它们是有史以来体型最大的陆地动物。尽管如此，它们的大脑却非常小，是恐龙中头脑最不灵光的。

终极捕食者

地球上有史以来最强大的猎手要数兽脚类恐龙。其中包括霸王龙这种体型庞大、凶残可怕的物种，也有一些体型更小、更轻，行动更敏捷的物种。

腔骨龙

主要特征：轻量级猎手

生存年代：迄今 2.21 亿年前—2.01 亿年前（三叠纪）

体长：3 米

化石发现地：美国、非洲和中国

体型很小的腔骨龙是早期的兽脚类恐龙之一，但它依然具有这一类群的全部关键特征，如强健的后腿、修长的脖子和一口匕首状的利齿。

异特龙

主要特征：尖锐的牙齿

生存年代：迄今 1.5 亿年前—1.45 亿年前（侏罗纪晚期）

体长：12 米

化石发现地：美国、葡萄牙

生活在侏罗纪晚期的大型植食性恐龙是大型捕食者如异特龙的猎物。异特龙的牙齿具有锯齿状边缘，能轻松切割猎物的身体，使其造成致命的重伤而亡。

美颌龙

主要特征：小巧而机敏

生存年代：迄今 1.5 亿年前—1.45 亿年前（侏罗纪晚期）

体长：1 米

化石发现地：德国、法国

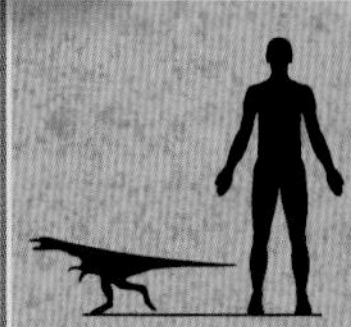

火鸡般大小的美颌龙是行动敏捷的猎手，以捕捉小型动物如蜥蜴、昆虫为食。它的全身覆盖着柔软细密、毛发样的羽毛。

恐爪龙

主要特征：致命的利爪

生存年代：迄今 1.2 亿年前—1.12 亿年前（白垩纪早期）

体长：4 米

化石发现地：美国

恐爪龙是凶猛的猎手，两只后足上长着长长的、锋利的致命利爪，可以猛戳并撕裂猎物。它们强健有力的前肢上也长着利爪，可以抓握猎物。

棘龙

主要特征：鳄鱼状的颌

生存年代：迄今 1 亿年前—9500 万年前（白垩纪中期）

体长：16 米

化石发现地：摩洛哥、利比亚、埃及

棘龙是体型非常大的兽脚类恐龙之一，这名巨型猎手的背部长着一面高高的背帆。它的牙齿与鳄鱼的牙齿十分类似，适于捕捉大型鱼类。它也会捕食其他恐龙。

伤齿龙

主要特征：很大的大脑

生存年代：迄今 7700 万年前—6700 万年前（白垩纪晚期）

体长：2.4 米

化石发现地：美国、加拿大

伤齿龙及其亲缘物种都有着与身体比例相比较大的大脑，以帮助它们更好地捕获猎物。但是它们的牙齿结构表明，它们可能也会吃植物。

霸王龙

主要特征：足以咬碎骨头的颌

生存年代：迄今 7000 万年前—6600 万年前（白垩纪晚期）

体长：12 米

化石发现地：美国、加拿大

霸王龙体型庞大，有着强健有力的上下颌和粗壮巨大的牙齿，能够一口咬碎猎物的骨骼。霸王龙属目前只发现了唯一的物种——君王暴龙（俗称霸王龙）。

奇怪的兽脚类恐龙

典型的兽脚类恐龙是全副武装的猎手，不过也有一些兽脚类恐龙完全不同。这些“古怪”的兽脚类恐龙有的捕捉昆虫，有的喜欢吃植物。许多兽脚类恐龙都长有羽毛，而其中的一个类群——鸟类甚至发展出了飞行能力。

鸵鸟般的恐龙

有些兽脚类恐龙身体纤细，有着修长的后腿和长长的脖子。它们的头部很小，嘴呈喙状，牙齿也很小或者完全没有。左图中这只奔跑速度很快的恐龙看起来很像鸵鸟，很可能生活方式也与鸵鸟相似——以树叶、种子和小型动物为食。

似鸵龙

和其他恐龙一样，似鸵龙也有一个学名 ***Struthiomimus***，拉丁文的意思是“鸵鸟模仿者”。

似鸵龙有着又长又健壮的后腿，简直就是为速度而生。

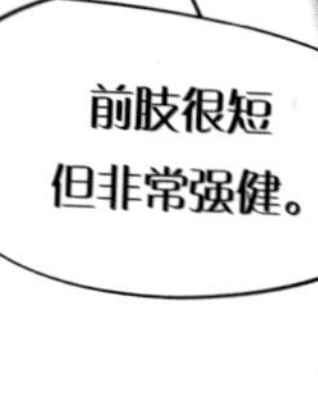

吃蚂蚁的恐龙？

和鸡差不多大的**鸟面龙**看起来像一只前肢短小的微型似鸵龙。它的每条前肢末端只有一个可以活动的趾，但趾上长着粗壮的利爪，很可能是用来挖掘蚂蚁和白蚁巢穴的。

葬火龙的头顶上有一个骨质头冠。
葬火龙
它前肢上的羽毛
很可能只是为了展示。
镰刀龙
镰刀龙很高，足以够到
树顶上的枝叶。
始祖鸟
始祖鸟的飞翔肌肉不发达，
说明它们的飞翔能力不强。

窃蛋的“小偷”

窃蛋龙有着鸟喙般的嘴，前肢上还长着羽毛，看起来比似鸵龙更像鸟类。它的日常菜单上很可能包含了从其他恐龙的巢穴中偷来的恐龙蛋 *。

* 译者注：目前科学界对窃蛋龙是否有偷取其他恐龙蛋的习性还存在争议。

素食爱好者

镰刀龙是兽脚类恐龙中最“奇怪”的一员，因为它似乎已经不是肉食性动物了。它的牙齿很小，呈叶片状，消化系统的体积却很大，说明它很可能主要以植物为食。

早期的鸟类

有些小型兽脚类恐龙的前肢较长，上面还长着装饰性的羽毛。其中一些可以利用这样的前肢在树丛间滑翔。最终，有些动物，如侏罗纪晚期的**始祖鸟**，进化出了飞翔能力。

逃避敌害

体形硕大、饥肠辘辘、全副武装的捕食者在一旁虎视眈眈时，其他恐龙必须找到办法保护自己。它们不得不逃跑、躲藏、与同伴互相帮助，或者自卫反击！

长着长尾巴的恐龙可能会像挥舞鞭子一样将其横扫向敌人。

快速逃生

体型轻巧的恐龙，如**奥斯尼尔洛龙**，可以依靠它们的快速奔跑和敏捷反应逃脱敌人的追击。更大一些的捕食者速度更快，但它们没有那么灵活。今天的猎豹在追捕体型小巧、行动敏捷的瞪羚时，就是同样的情况。

修长的后腿非常适于奔跑

伪装

我们不知道恐龙的体色是什么样的，不过许多小型恐龙很可能具有保护色。暗褐色的皮肤、长着斑点图案，可以让它们不容易被捕食者发现，尤其是在茂密的地表植被中或者光线昏暗的森林里。

自卫反击

一些体型较大的植食性恐龙装备有武器，它们是“危险”的猎物。剑龙类，如右图这只**华阳龙**的尾巴末端长着锋利的棘刺，可以挥舞着刺向敌人。有些肉食性恐龙的骨骼化石上有受伤的痕迹，说明植食性恐龙确实能反击，从而给敌人造成伤害。

突起的棘刺加上健壮的尾部肌肉就是强大的武器

躲藏

有些小型恐龙，如左图这只**掘奔龙**，可能会在地上挖掘地洞。它们可以藏身于洞中，躲避捕食者。当它们感到危险时，可能会继续向深处挖掘，就像今天的兔子感到受威胁时一样。

“人多势众”

恐龙留下的脚印化石表明，有些植食性恐龙结成群体生活。生活在群体中比单独活动要安全一些，因为当恐龙觅食时，总有一部分群体成员在提防天敌的来临。一群恐龙还可以同心协力将捕食者赶走，尤其是当这些恐龙长着锋利的角等自卫武器时，如右图的**尖角龙**。

激烈的格斗
巨大的爪子
VS
足以咬碎
骨头的颌

镰刀龙

镰刀龙有着长长的、锋利的爪子，形状就像一把弯刀，因此这种身材高大的植食性恐龙是非常危险的猎物。只要准确地一击，它就可能杀死像特暴龙这样的捕食者。

杂食性动物

★★★★★★★★★★★

身高 6 米　　体长 11 米

★★★★★★★★★★★

5 吨重

特暴龙

体型庞大的特暴龙有着强壮的颌及锋利的牙齿，一口就能咬断猎物的骨头。和镰刀龙一样，它也生活在中生代末期的亚洲地区。

肉食性动物

★★★★★★★★★★★

身高 4 米　　体长 11 米

★★★★★★★★★★★

5 吨重

★★★ **一场不可错过的格斗！** ★★★

预备……跑！

许多用两条后腿行走的恐龙奔跑速度都很快。这是因为它们的骨骼和肌肉与今天能够快速奔跑的鸟类如鸵鸟非常类似。甚至一些体型庞大的恐龙，也可能像今天的大象一样活跃。

超级短跑运动员

似鸡龙是世界上奔跑速度最快的恐龙，长得很像现在的鸵鸟。它们修长的腿上长着健壮的肌肉，可以跑得飞快，逃脱捕食者的追击，即使是像霸王龙这样体型最大的捕食者。

昂首挺胸

身体笨重、有着长长脖子的蜥脚类恐龙，如重龙，长着四根柱子般粗壮的腿，就像大象一样。它们总是高高抬起头部和尾尖，而且可能还可以用两条后腿蹬地，抬起上半身去吃树木高处的叶片。

健壮的猎手

大多数捕食动物必须跑得快，这样才能抓住猎物。肉食性恐龙，如异特龙的腿骨和肌肉显示出它们确实很善于奔跑。不过，体型小巧、轻盈的恐龙可能比这些体型庞大的恐龙跑得更快。

善于奔跑的植食者

在今天的自然界，一些跑得最快的动物是植食性动物，如瞪羚，它们需要躲避肉食性动物的追击。许多小型植食性恐龙，如莱索托龙也跑得很快，出于同样的原因——逃避捕食者。

植食巨怪

世界上出现过的体型**最大**、体重**最重**的动物就是令人惊叹的蜥脚类恐龙——这是一类长着**长长脖子的植食性动物，取食高高的树顶上的叶片**。它们有着**巨大的胃**，可以消化大量的植物性食物。四条树干一样粗壮的腿支撑着它们庞大的身躯。

板龙

板龙是最早期的长脖子植食性动物之一。它可以用后腿支撑身体站立起来，吃到树顶上的叶片；它还可以用有着长趾的前肢收集叶片。

28米
体长

8米
体长

7米
体长

火山齿龙

这种生活在侏罗纪早期的蜥脚类恐龙之所以得名火山齿龙，是因为它们的化石出土于一片史前火山灰层之下。与其后进化出现的可以令大地“震颤”的庞然大物相比，它的体型要小得多。

腕龙

在侏罗纪时代，腕龙是体重非常重的恐龙之一，一只腕龙和六头大象差不多重。它们的前肢较长，非常高，就像体型巨大的长颈鹿一样，因此，它们能比其他恐龙吃到更高处的叶片。

重龙

这种生活在侏罗纪晚期的恐龙有着令人不可思议的长脖子，能吃到树冠高处的叶片。它的颌前端长着钉状牙齿，朝树枝一口咬下去，可以捋掉上面所有的树叶。

叉龙

与大多数近亲不同，叉龙的脖子较短，主要以低矮的树木和灌木的叶片为食。它们的脊椎骨上长有高高的骨质突起，可能是为了支撑引人注目的棘突。

萨尔塔龙

大型蜥脚类恐龙主要生活在侏罗纪时期，但有一个分支——巨龙类，一直生存到了恐龙时代的最后。萨尔塔龙是其后期的幸存者之一，它们全身的皮肤上都被覆着具有保护作用的骨质板。

最小与最大

我们常常认为恐龙是巨型动物，有着可怕的牙齿和爪子。其实在这些巨型动物周围，还生活着许多小型恐龙，它们的体型和鸡差不多，有些甚至还要小得多。

阿根廷龙

这只阿根廷龙是一只名副其实的巨型动物，很可能是有史以来世界上最大的陆生动物。它的体重可达 88 吨，相当于 13 头大象的重量。目前我们还不知道它是如何在行走中避免因为自身的重压而踩塌地面的。

近鸟龙

近鸟龙生活于侏罗纪晚期，是目前已知体型非常小的中生代恐龙之一。它们的身上长有羽毛，体重只有 110 克，比一只乌鸦还要轻很多。像这样体型娇小、轻盈的恐龙在当时是很常见的种类。

近鸟龙
体长 35 厘米

埃雷拉龙
体长 6 米

阿根廷龙
体长 30 米

现存最小的恐龙

科学家认为鸟类就是恐龙，那么，现存最小的鸟类——古巴吸蜜蜂鸟，也就是目前最小的恐龙了。它的体重不到 2 克，甚至比有些甲虫还轻！

阿根廷龙的体长比一个标准网球场还要长。

非洲象
体长 3.5 米

人类
身高 1.8 米

被覆骨板的剑龙类恐龙

长相奇特的剑龙生活在侏罗纪时期的森林中，它们是一类体型笨重的植食性恐龙，身上从头到尾覆盖着骨板和棘刺。骨板可能用于展示，而尾部的棘刺则当作武器。

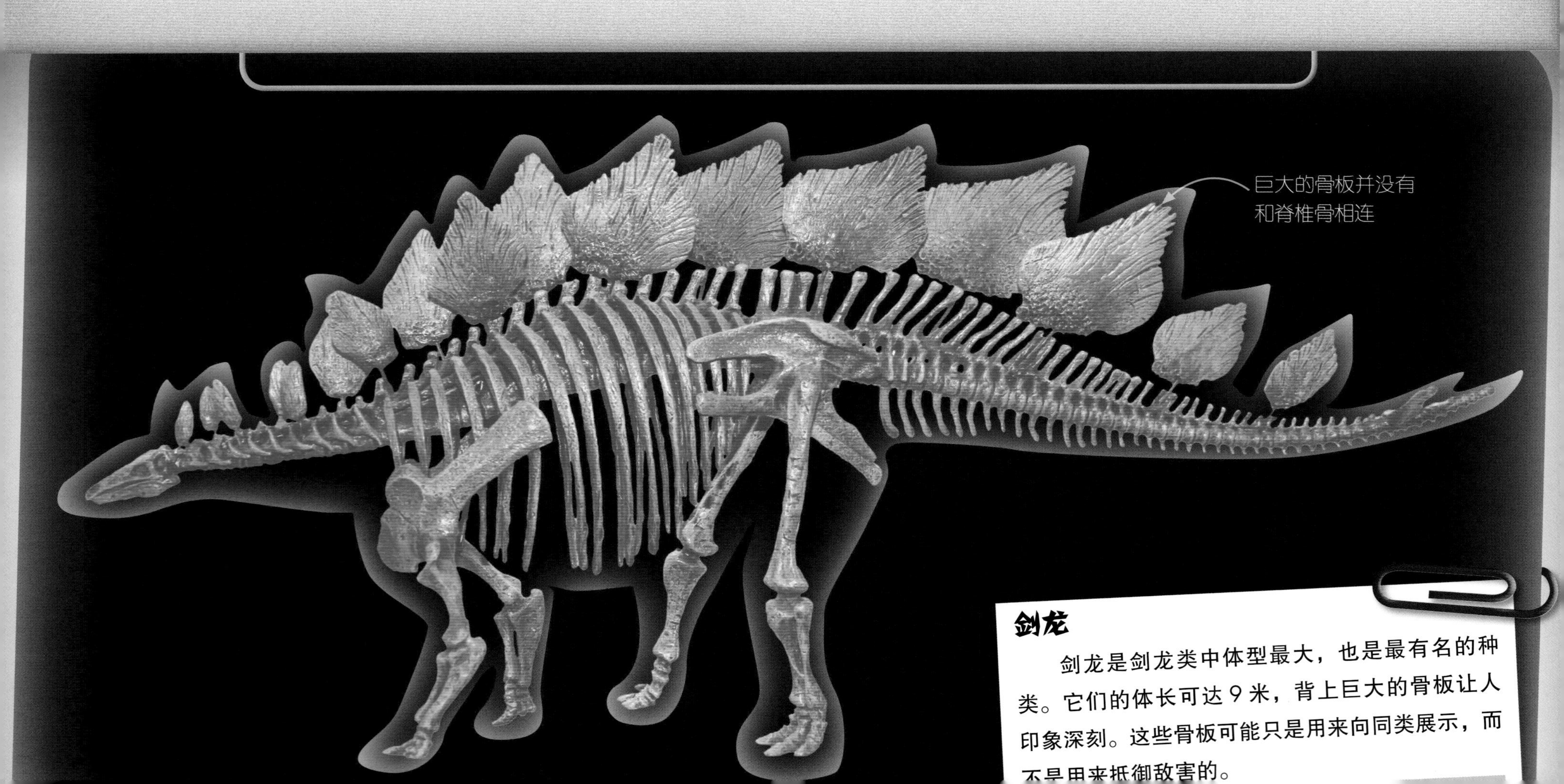

剑龙

剑龙是剑龙类中体型最大，也是最有名的种类。它们的体长可达 9 米，背上巨大的骨板让人印象深刻。这些骨板可能只是用来向同类展示，而不是用来抵御敌害的。

长长的棘刺

肯氏龙

肯氏龙的学名意思是“长着尖刺的蜥蜴”，它们身体的后半部分长着又长又尖的棘刺，而有些剑龙只长着骨板。这些棘刺是它面对饥饿的捕食动物时自卫的武器。

锋利的肩部棘刺可以抵御捕食者的进攻

沱江龙

沱江龙的化石发现于中国四川省，学名意为“沱江的蜥蜴”。它们的肩部和尾部长满了可怕的长棘。与其他剑龙一样，沱江龙的背部和尾部也长着骨板。

背部长着高高的、三角形的骨板

椭圆形的骨质突上覆盖着角质层——构成我们的指甲的物质

长长的后腿

剑龙类的祖先

剑龙类和甲龙类属于一大类恐龙，称作覆盾龙类。它们都从同样的祖先进化而来，如生活在侏罗纪早前的棱背龙。它的背上覆盖着骨质突，这些结构随后进化为剑龙类的骨板和棘突。

浑身装甲的甲龙类恐龙

体型笨重、如同一辆坦克般的甲龙类恐龙是植食性动物，用四条腿行走，大脑小得可怜。如果没有全身表面覆盖的骨质甲胄的保护，它们就会成为捕食者唾手可得的美餐。有些甲龙类恐龙用特化的棘刺作为武器；还有一些甲龙类恐龙尾巴末端长有骨质尾锤，可以给予捕食者足以粉碎骨头的重击。

怪嘴龙

怪嘴龙是体型最小、最早期的甲龙类恐龙，生活在侏罗纪晚期，体长约 4 米。它的头部和身体上长着尖角和长棘。

加斯顿龙

和几乎所有的甲龙类恐龙一样，加斯顿龙的牙齿很小，呈叶片状，可能不经咀嚼就将食物吞下。它的背部长着一排排刀刃状的棘刺，以抵御捕食者的进攻。

肩膀上长着粗壮的棘刺
全身覆盖着厚厚的骨质板
甚至连眼睛也被装甲眼睑保护起来

蜥结龙

这种外形奇特的恐龙生活在如今北美洲所在的区域，于白垩纪早期出现。它的背上覆盖着一大片犬牙交错的骨质板，可以保护自己，但是其中最大的棘突很可能也用于展示。

甲龙

甲龙生活在白垩纪晚期，是体型最大的甲龙类恐龙，体长可超过 6 米，浑身被覆装甲。它的尾巴末端长着一个巨大的尾锤，可以对抗世界上体型最大的捕食者——霸王龙。

包头龙

与甲龙一样，这种体型宽扁的“重量级”恐龙在抵御敌害时，也会将它沉重的尾锤向捕食者的腿部横扫而去。由于浑身被覆厚厚的装甲，所以它的体重和一头大型犀牛差不多。

牙齿传奇

研究恐龙的牙齿（或者喙）就能知道它们吃的是什么。我们甚至还能知道它们是如何收集食物及如何咀嚼食物并吞下肚子的。

牛排餐刀

大多数肉食性恐龙的牙齿都类似牛排餐刀——带有锯齿状的边缘，可以割开猎物坚韧的表皮，并从骨头上撕下肉。当牙齿磨损或者受伤之后，就会脱落并被新生的牙齿取代。

霸王龙有多达 58 颗牙齿——其中最大的约有 20 厘米长
重龙
埃德蒙顿龙
鸭嘴般的喙部后方，还长着成排的颊齿，可以磨碎坚韧的植物

压碎骨头

体型庞大、身强力壮的霸王龙有着一口同样粗大的牙齿。它的牙齿十分巨大、锋利，比其他肉食性恐龙的牙齿坚固得多，能够咬碎坚硬的骨头。

树叶梳子

有些长着长脖子的植食性恐龙的牙齿仿佛一排粗短的铅笔。科学家推测它们利用这样的牙齿像梳子一样掠过枝条，将树叶捋下来，然后不经咀嚼就囫囵吞下。

坚韧的喙

所有植食性鸟臀目恐龙的吻部边缘，都长着有锋利边缘的喙。其中许多恐龙，如上图这只埃德蒙顿龙，嘴里还长着高度特化的牙齿，能将植物仔细研磨成食糜。

恐龙的食谱

美味小吃

一些恐龙是杂食性动物——它们喜欢的食物很广泛，因此获取的营养比较全面。异齿龙有几种不同类型的牙齿，足以应对它们品种丰富的饮食习惯。

- **嫩芽**
- **多汁的根茎**
- **酥脆的昆虫**
- **蜥蜴**

异齿龙

巨脚龙

新鲜沙拉

长着喙的植食性恐龙，如棱背龙，以容易吃到的低矮植物为食。它们喜欢选择植物幼嫩的部分，这些食物容易咀嚼和消化。

- **嫩叶**
- **新生枝条**
- **蕨类**
- **苔藓**

生食蔬菜

大型蜥脚类恐龙长长的脖子让它们可以够到树顶上的叶片。它们不仔细挑选树叶，而且不加咀嚼就将叶片囫囵吞下。

- **松柏的针叶**
- **苏铁叶片**
- **树蕨**
- **苔藓**

不同种类的恐龙喜欢吃不同的食物。有些恐龙几乎什么都吃；有些恐龙以捕猎其他动物为食，甚至以其他恐龙为食；还有些恐龙是植食性的，常常需要吃掉大量的植物才能填饱肚子。

肉类大餐

大多数兽脚类恐龙都是肉食性动物，它们以捕猎其他动物为食。体型庞大的兽脚类恐龙，如南方巨兽龙，能用致命的牙齿杀死其他恐龙。

- **大型植食性动物**
- **小型肉食性动物**
- **动物尸体**

恐龙会吞下石头吗？

一些鸟类会吞下小石子，这些小石子在它们的胃里帮助磨碎食物。有些恐龙很可能也会这么做。

鱼类晚餐

似鳄龙和它的近亲的牙齿，与鳄鱼的牙齿十分近似。它们主要以鱼类为食，不过也会吃捕捉到的其他动物。

- **大型鱼类**
- **小型恐龙**
- **小型翼龙**

厚厚的头骨

肿头龙类是所有恐龙中最古怪的类群。它们的头骨顶部厚得令人不可思议，可达 25 厘米。科学家依然在研究它们为什么会有如此厚的头盖骨。

超级坚硬的头骨

左图中剑角龙的头骨化石显示出，头骨中包围大脑的一部分——头盖骨增厚，形成了一个大大的圆拱形结构。这很有可能是为了在雄性竞争对手头对头顶撞时起到保护的作用，就像今天的野山羊为了群体中的地位而打斗一样。不过，也有一些科学家认为这些恐龙可能是用头部侧面撞击对手的。

大脑袋

肿头龙是肿头龙类恐龙中体型非常大的一种——它的头部长达 80 厘米，头顶被一圈棘刺围绕。与其他肿头龙类恐龙一样，它也有几种不同类型的牙齿。这说明它是一种杂食性动物——以各种各样的食物为食。

顶级雄性

与许多生活在今天的动物一样，恐龙可能也会为了群体地位、领地或者交配对象而与同类打斗。现在的同类动物打斗，绝大多数都是在雄性竞争者之间进行的，恐龙很可能也是如此。

巡逻

在繁殖期，一只成年雄性祖尼角龙正在它的领地上巡逻。它发现了另一只雄性祖尼角龙闯入领地的迹象。它担心这只雄性竞争者会引诱它家庭中的雌性祖尼角龙。

打斗

两只雄性祖尼角龙头对头，犄角纠缠在一起，它们吼叫着，四条腿刨着地面。入侵者非常强壮，但是领地的主人不会轻易放弃。

我觉得我比住在
这里的这个家伙强壮，不过
它看起来倒是很自信！

入侵

伴着一声怒吼，雄性入侵者突然出现了。它比领地的主人更年轻、更强壮，开始炫耀它那长长的角和夸张的颈盾。而领地的主人也开始做着同样的动作。它们彼此暗中比较各自的体型大小，如果有一方觉得不如对方强壮，它就会赶紧离开，而不会冒险打斗！

胜利

入侵者不太自信，在打斗中它犯了个错误。领地的主人将它撞翻在地，然后发出一声宣告胜利的吼叫。它依然是这片土地的主人！

头冠和颈盾

许多恐龙拥有奇特的角和头冠，有些还长有巨大的颈盾。这些部位看起来是防御武器，实际上有些非常引人注目，可能仅仅是为了展示，就像鹿角一样。

肯氏龙

剑龙类，如左图这只肯氏龙的背上长有多排骨板和棘刺，可以帮助恐龙从远处识别对方。

每种剑龙的骨板形状都不相同。

可充气式的头冠重量比骨头轻。

木他龙

这种植食性恐龙的口鼻部扩大为一个中空的凸起，形成一个艳丽的头冠。这个头冠可以膨胀为一个可以产生回响的腔室，这样可以使它们的叫声更大。

锋利的角使捕食者望而生畏。

尖角龙

这种类似犀牛的恐龙体长6米，颈部长有1个巨大的骨质颈盾。颈盾过于繁复华丽，可能不仅用于御敌，还用来展示，不过它鼻子上的角可以保护自己。

激龙

激龙背上长有巨大的如同风帆一样的背帆，靠脊椎骨的延伸部分支撑着。背帆使这种食鱼动物看起来体型更大，可以威慑它的敌人和竞争对手。激龙的头部顶端可能长有一个小的头冠。

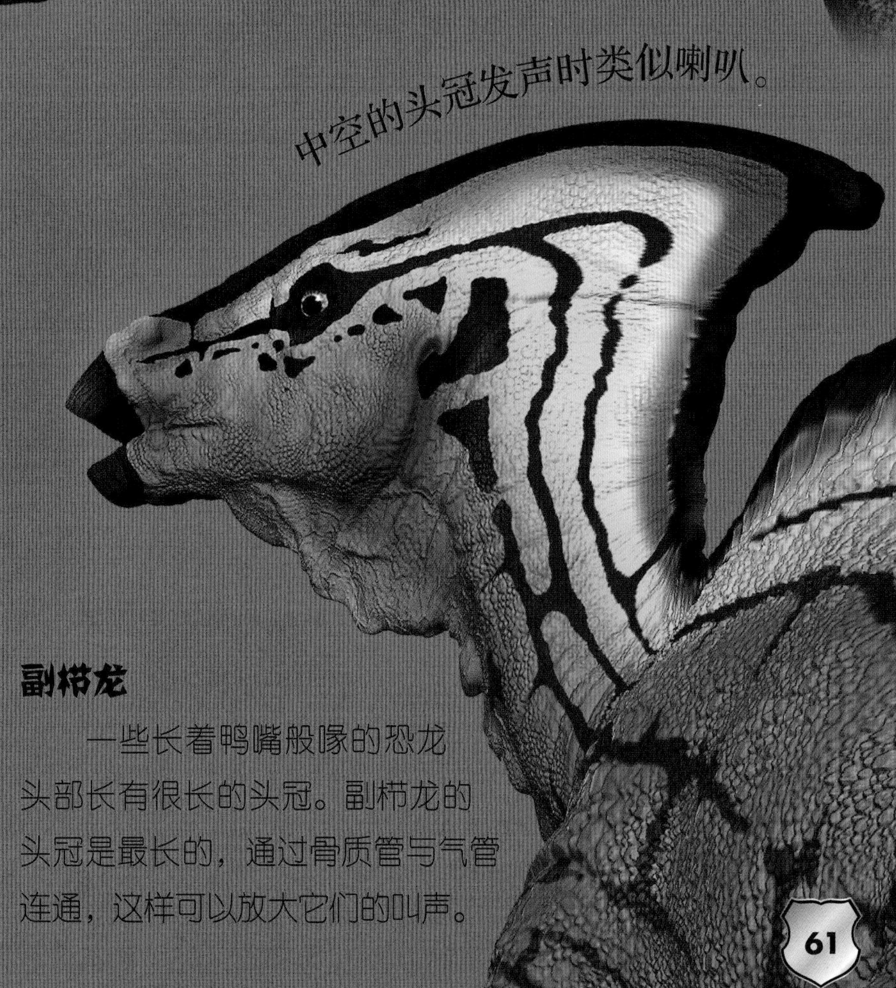

中空的头冠发声时类似喇叭。

背帆可能有着鲜明的色彩。

副栉龙

一些长着鸭嘴般喙的恐龙头部长有很长的头冠。副栉龙的头冠是最长的，通过骨质管与气管连通，这样可以放大它们的叫声。

长着尖角的角龙类恐龙

一些外形最壮观的恐龙属于一类名为角龙类的植食性恐龙，它们身披重甲，长着喙状嘴。许多角龙类头上长有长长的尖角，结构繁复的骨质颈盾从头部后方一直延伸到颈部。这些特征除了用于展示以外，也起到了御敌的作用。

原角龙

原角龙的体型和猪相当，生活在白垩纪晚期。科学家已经发现了至少两种原角龙的化石，这两种原角龙有着不同形状的颈盾，不过也有人认为这两种特征分别属于雄性和雌性。

爱式角龙

爱式角龙比原角龙体型更大、更重，它们的鼻子上长有一个酷似犀牛角的钩状角，颈盾上还长有两个长长的角。像其他角龙类一样，它长有一个鹦鹉喙状的嘴，通过上下颌末端的特殊骨骼来支撑。

戟龙

这种恐龙的学名意思是“长着棘突的蜥蜴”，它的颈盾周围长有引人注目的皇冠状长角。它那类似剪刀状的锋利牙齿非常适合切断坚韧的植物。

五角龙

五角龙的体型与大象相仿，它长有一个巨大的、令人印象深刻的颈盾，可能有着鲜明的色彩和图案。它生活在白垩纪晚期如今美国所在的地方。它的化石就是在美国新墨西哥州出土的。

三角龙

三角龙是名气最大的角龙类，生活在恐龙时代最末期的北美洲。尽管它拥有令人恐惧的尖角，但依然被强有力的顶级捕食者——霸王龙作为猎物猎杀。

精致的羽毛

最新的化石研究表明，许多兽脚类恐龙都长着羽毛，其中有些恐龙的羽毛还很长。有些化石甚至还保留了羽毛上鲜艳的色彩和夺目的图案的痕迹。

没有牙齿的猎手
前肢上的羽毛
有着实际用途
生活在地面上的捕食者
四肢上长着长长的
装饰性羽毛
毛茸茸的恐龙
每根原始羽毛都酷
似一根细长的毛发

葬火龙

对葬火龙的化石研究表明，它用长着羽毛的前肢覆盖在巢上，为蛋保持温暖，就像母鸡孵小鸡一样。它那长长的羽毛可能也有鲜艳的色彩。

中国鸟龙

有一类称为手盗龙类的兽脚类恐龙，它长长的前肢上覆盖着酷似鸟羽的羽毛，但是对绝大多数的这类恐龙来说，羽毛仅仅是用于展示的。

中华龙鸟

中华龙鸟是一种小型肉食性恐龙，对它们保存非常完好的化石研究表明，它们浑身长满毛发样的原始羽毛。这层羽毛形成了一层毛茸茸的保护性“外套”，就像猫的毛皮一样。

最原始的恐龙羽毛看起来很像毛发，但是很快有些恐龙就长出了类似现代鸟羽的羽毛。

长长的、由尾骨构成的尾巴上，长着呈扇形散开的羽毛
奔跑迅速、长着羽毛的杂食性动物
前肢上长着强壮、弯曲的爪
树上居民
四肢可能都会起到翅膀的作用
翅膀上的羽毛与现代鸟类的很相似
早期会飞的鸟类

尾羽龙

这种火鸡大小的手盗龙类有着令人印象深刻的扇形尾羽。它的前肢上也长着长长的羽毛。因为它并不会飞，所以羽毛可能是用来向竞争对手和配偶展示的。

小盗龙

小型树栖恐龙，如小盗龙，可能可以利用长着长羽毛的前肢，从一棵树滑翔到另一棵树上，这样能让它们避开来自森林地面上的危险。

始祖鸟

一些手盗龙类恐龙逐渐进化出飞翔能力，成为鸟类。始祖鸟是其中已知最原始的一种，它的飞翔能力并不强。此后出现的鸟类越来越越善于飞翔。

盔龙

与其他生活在白垩纪晚期、长着鸭嘴般喙的鸟脚类恐龙一样，盔龙有一口非常适于研磨的牙齿，能够高效磨碎植物性食物。仔细咀嚼能使食物更易于消化。

成功生存的故事

鸟脚类恐龙是一类生存最为成功的恐龙。最早期的鸟脚类恐龙是体型很小、长着喙的植食性恐龙，以两条后腿站立、行走。此后出现的鸟脚类恐龙的体型增大了一些，有着高度特化的磨齿。

长长的后腿和后足说明它们的奔跑速度很快

棱齿龙

棱齿龙体型修长，动作敏捷，是一种典型的小型原始鸟脚类恐龙。它以低矮植物为食，一旦发现危险，就能迅速飞奔逃走。

禽龙

禽龙和大象差不多大，大多数时间都用四条腿行走。不过，它的两个前爪上长着长长的、可以活动的趾，大拇指上还有锋利的棘刺，可以防御敌害。

泰南吐龙

泰南吐龙的体型比棱齿龙大得多，有时会以四条腿支撑庞大的身躯。它几乎没什么防御能力，因此可能集群生活，借以抵御饥饿的捕食者。

蛋和幼龙

据我们所知，**所有的恐龙都生蛋**。有些恐龙**把蛋埋在落叶堆里**，还有些恐龙把蛋产在**地下的洞穴中**。一些恐龙可能**完全不管刚孵化出来的小恐龙**，但还有一些恐龙则会精心照顾自己的后代。

恐龙蛋长什么样子？

恐龙蛋呈圆形或者椭圆形，有着坚硬、易碎的外壳，就像鸟类的蛋一样。最大的恐龙蛋和足球差不多大，但是和产下它们的“妈妈”相比就显得小巫见大巫了。这说明恐龙的生长速度非常快。

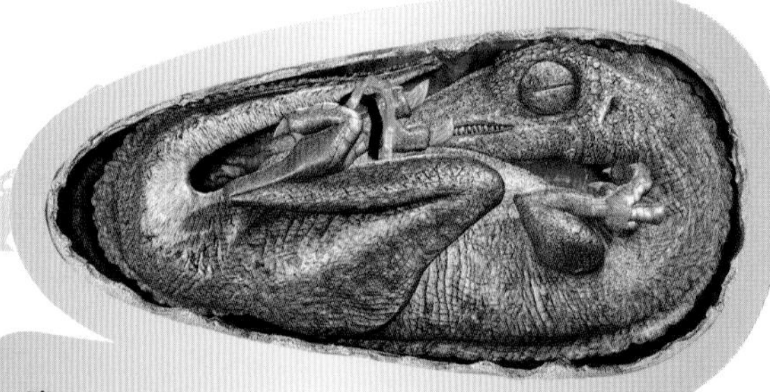

恐龙蛋里有什么？

有些蛋化石里还有着恐龙胚胎。上图是一个完整的伤齿龙蛋的复原图，一只恐龙胎儿正蜷缩在蛋壳里，它那两条长长的后腿弯曲着，低垂的脑袋夹在两腿之间。

恐龙一次可以产多少个蛋？

迄今为止发现的所有恐龙巢穴中都含有很多枚蛋——有时一窝超过 20 枚。这说明恐龙的繁殖速度比现代的大型动物，如大象和犀牛等要快得多。

恐龙蛋是如何保持温度的？

有些恐龙将蛋埋在落叶堆里孵化，是因为树叶腐烂时能释放出热量。有些小型恐龙，如葬火龙，蹲伏在巢中的化石遗迹说明，它们利用体温来孵蛋，就像大多数现代鸟类一样。

谁会偷走恐龙蛋？

如果父母疏于照顾，恐龙蛋和无助的幼龙很有可能成为一些小型捕食者（如下图这些恐爪龙）轻易到手的猎物。常常在恐龙筑巢地附近发现这些“偷蛋贼”的化石。

抚育后代

巨大的筑巢地

在南美洲有一个恐龙筑巢地，那里有成千上万枚萨尔塔龙的恐龙蛋。数百只雌性萨尔塔龙产下蛋后，将它们埋在温暖的地表下，而且很可能在一旁等待蛋的孵化。

大多数**恐龙**的寿命不到**30年**。

有些恐龙，包括一些体型最大的肉食性恐龙，组成单独的家庭生活；还有一些恐龙则聚集成**繁殖群体**，在同一个地点，同一段时期产下恐龙蛋，一起抚养幼龙。有些恐龙可能是**非常尽职尽责的父母**。

细心的父母

在如今的美国蒙大拿州发现了慈母龙组成的巨大的繁殖群遗迹，说明这种大型植食性恐龙为了安全会聚集在一起筑巢。幼龙化石显示，它们依靠父母提供食物。

一起长大

当幼龙可以自如行走时，它们就开始自己觅食。不过它们会聚在一起集体行动，这是因为一只大型肉食性恐龙很容易就能抓住一只落单的小萨尔塔龙当早餐！

不断迁徙

一些恐龙**单独**或者**成对**生活，还有一些恐龙**集群**生活，群体规模**有小有大**。这些过着群体生活的恐龙大多数都是**植食性**恐龙，这样才能共同**分享美味的食物**。不过也有一些**肉食性**恐龙组成群体，共同**捕捉大型猎物**。

行迹

恐龙留下的脚印形成了**足迹化石**，成群的恐龙留下的足迹化石便构成了行迹，人们推测这些恐龙会组成**群体迁徙**。一些行迹显示，有几十只体型大小不等的恐龙朝着同一个方向前进。

埃德蒙顿龙

现代的植食动物群只有一直在草原上移动，才能保证**食物来源不会枯竭**，而且它们必须集体行动，这样比单独行动要**安全**一些。有些恐龙，如**埃德蒙顿龙**，可能也有着相同的生活方式。

埃德蒙顿龙组成的巨大的群体，曾经在**北美洲**平原上四处游荡。

恐龙时代的终结

6500 万年前

大约在 6500 万年前，一场突如其来的地质灾难导致了中生代的终结。巨大的恐龙和其他一些动物，包括令人惊叹的翼龙，因此而灭绝。但是有些动物如鸟类和哺乳类幸存下来，它们的后代现在就生活在我们身边。

全球灾难导致了恐龙灭绝

大灭绝的基本情况

什么时候？	什么原因？	什么结果？	谁受到了影响？
中生代末期，迄今 6500 万年前。	小行星撞击地球。	全球气候灾难性骤变。	大约 70% 的动物灭亡。

希克苏鲁伯陨石坑

小行星撞击形成了一个直径约 180 千米的陨石坑，现在已经深埋于地下，在地表不可见。

灾难从天而降

在白垩纪末期，一颗巨大的小行星撞击地球，与此同时大型恐龙灭绝了。撞击释放出来的能量，相当于最强大的原子弹爆炸时释放能量的 200 万倍。撞击摧毁了广阔的区域，导致全球性的气候混乱。

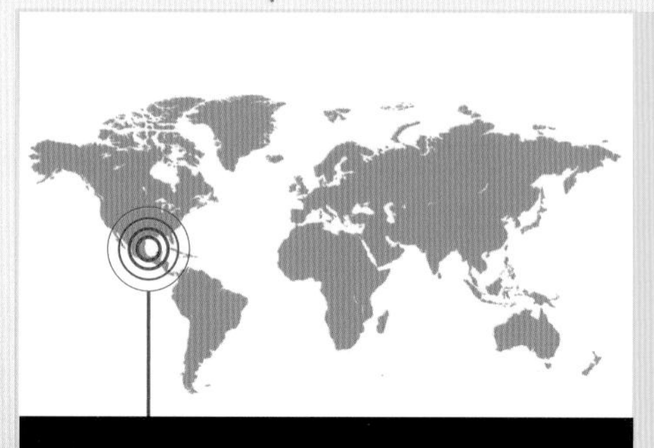

小行星撞击于今天的尤卡坦半岛

撞击地带

撞击地球的天体是一颗直径至少达 10 千米的小行星。它撞击于如今墨西哥北海岸的尤卡坦半岛，接近现在一个叫作希克苏鲁伯的小镇。

是因为火山喷发吗?

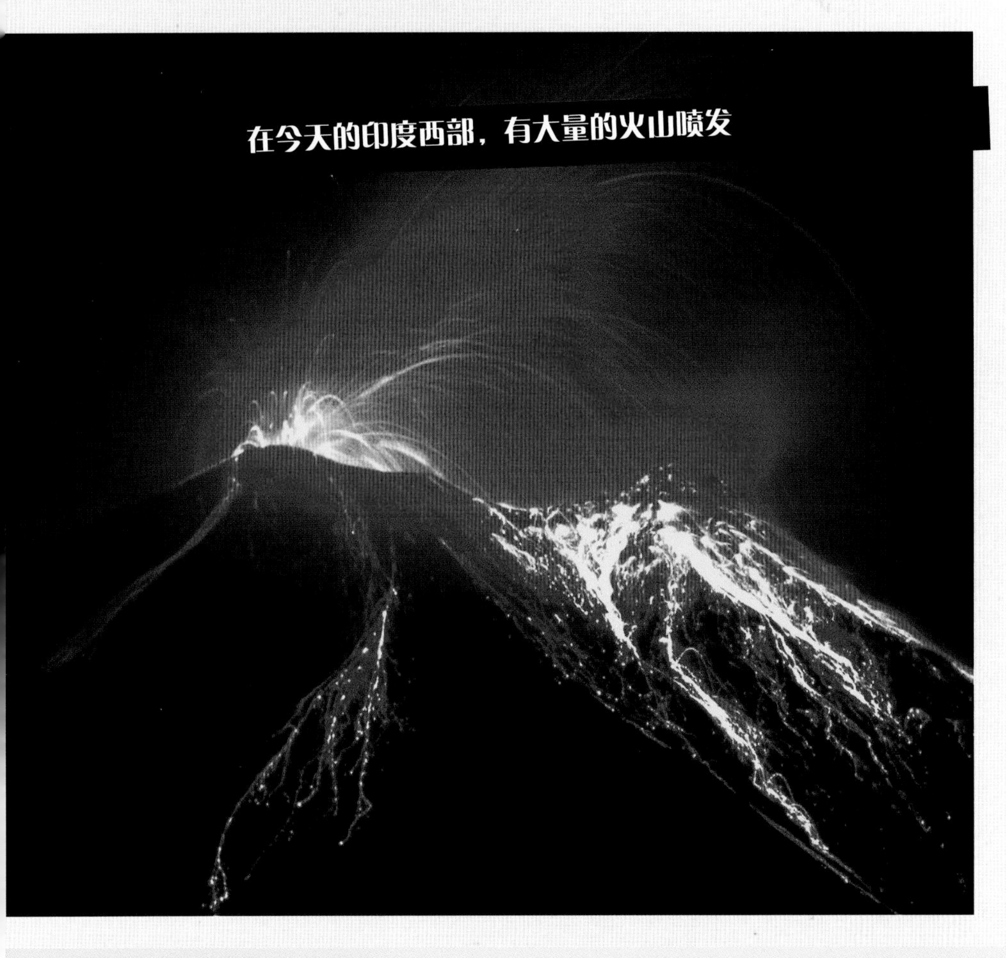
在今天的印度西部，有大量的火山喷发

有些科学家认为，小行星撞击地球主要导致了大型恐龙的灭绝，但是自然界已经因为另一个灾难——在印度持续了数千年之久的大面积火山喷发——而改变了。火山喷发形成了大量熔岩，同时还向大气层中喷出大量火山灰和有毒气体。

熔岩流造成了大范围破坏

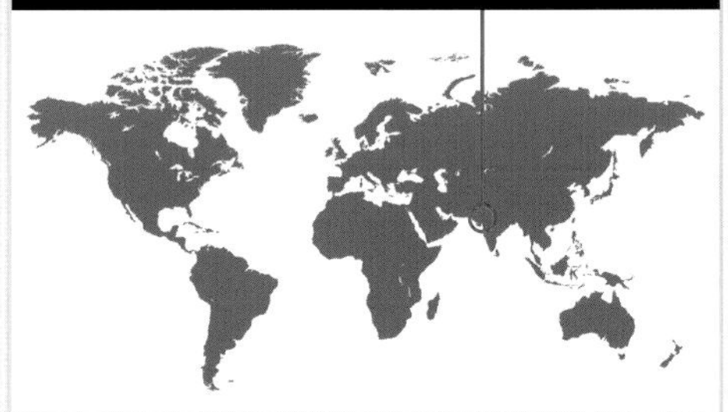

灾难地带

火山喷发形成的岩浆，冷却之后形成一层厚达 2 千米的玄武岩层。这层岩石覆盖了印度的大片地域，这就是德干暗色岩。

幸存者播报

活下来的生命

大型海洋爬行动物全部灭绝了，如蛇颈龙类。不过，海龟、陆龟、蜥蜴、蛇及鳄鱼幸存了下来。

原盖龟

出于一些我们不了解的原因，鸟类得以幸存，如这只白垩纪出现的鱼鸟，而其他的恐龙全部消失了。

鱼鸟

与这只老鼠般大小的原始鼩鼱类似的小型哺乳动物在灾难中幸存，它们的后代进化成了我们今天熟知的哺乳类动物。

原始鼩鼱

大灭绝之后的生命

灾难导致巨大的恐龙灭绝，让整个世界陷入一片混乱之中。然而多年之后，灾难带来的影响渐渐开始消退，生命又再度开始繁盛，幸存下来的动物和植物进化成新的物种，取代了之前灭绝的那些种类。这就是新生代的开始。

热带雨林

气候改变

大灭绝之后，全球气候开始变冷，不过气温在大约5500万年前又开始显著升高。在这段温暖的气候时期之后，全球气候又开始变冷，在大约250万年前，地球两极开始被厚厚的冰雪覆盖。这就是冰川期的开始，这段寒冷的时期结束于迄今12000年前。

北极冰原

植物变化

在新生代初期气候温暖的时期，热带雨林开始覆盖全球大部分地区，向北一直延伸到加拿大，代表树种如水杉。渐渐地，全球变冷使得气候更干旱，冬季更寒冷，许多森林被草原取代。

水杉的树叶

冠恐鸟

长羽毛的幸存者

一些鸟类在这场大灭绝中幸存，它们逐渐进化形成新的类群，包括体型巨大、不会飞的冠恐鸟，以及酷似秃鹫的阿根廷巨鹰。绝大多数现代鸟类类型出现于大约 2500 万年前。

阿根廷巨鹰

哺乳动物的时代

哺乳动物与恐龙出现得一样早，但是它们直到大型恐龙灭绝之后才开始兴盛繁衍，称霸地球。它们进化形成了许多不同的类群，包括蝙蝠、大地懒、猛犸象和长着短剑般犬齿的凶猛猫科动物——剑齿虎。

伊神蝠

剑齿虎

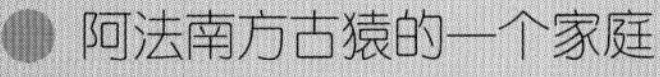
阿法南方古猿的一个家庭

我们的祖先

科学家目前已知的世界上最早的类人物种，是阿法南方古猿，它们能够直立行走，在迄今 500 万年前的非洲热带草原上生活。智人，也就是我们这样的现代人类，出现于 20 万年前。它们懂得制造工具，很快便创造出了现代文明。

石器时代的斧头

术语表

霸王龙科：包括霸王龙及其近亲在内的一类恐龙。

白垩纪：构成中生代的三个时期中的第三个时期，从距今 1.45 亿年前到 6500 万年前。

贝类：蛤、蚝、螃蟹和类似的硬壳类海洋生物。

冰川期：地球上靠近两极的大部分区域被冰雪所覆盖的时期。

哺乳动物：多数浑身被覆毛发的动物，给新生的幼崽哺育乳汁。

超大陆：由许多大陆板块连接在一起构成的一块巨大的大陆。

主龙类：一类包含恐龙、鸟类、翼龙和鳄鱼的动物。

大灭绝：导致大量不同类型的物种消失的生态灾难。

粪化石：粪便形成的化石。

孵化：使蛋在温暖的环境中进一步发育生长，直到幼体出壳。

彗星：一个由岩石、冰和尘埃组成的天体，在宇宙中穿行。

脊椎动物：一种有内骨骼和脊椎骨的动物。

甲龙类：身披重甲，四肢着地行走，背部长有骨板的植食性恐龙。

剑龙：背部长有巨大的骨板和棘刺的装甲恐龙。

角龙类：长角的恐龙，通常面部长有尖角，颈部有颈盾。

进化：生物不断改变的过程。

猎物：被其他动物猎杀的动物。

灭绝：彻底消失。

年轮：在树的生长过程中形成的环状结构，可以显示树的年龄。

鸟脚亚目：一类植食性恐龙，靠后肢行走，无防御性铠甲。

鸟臀目：恐龙的两个主要类群之一。

爬行动物：包括龟、蜥蜴、鳄鱼、蛇、翼龙和恐龙的一类动物。

气管：连接喉部和肺部的用于呼吸的管道。

熔岩：火山喷发时，从火山口喷出的呈液态形式的、熔融状的岩石。

肉食性动物：以其他动物为食的动物。

三叠纪：构成中生代的三个时期中的第一个时期，从 2.51 亿年前到 2 亿年前。

蛇颈龙类：一类长着四条长长的鳍状肢的海洋爬行动物，其中许多有长长的脖子（见本页下方图）。

兽脚类：几乎都是肉食性恐龙的蜥臀类。

巨龙类：在白垩纪时期进化出现的一类蜥脚类恐龙。

头饰龙类：包括长角的恐龙及头骨增厚的恐龙在内的一类恐龙。

伪装：动物通过体表的颜色和图案使自己很难被发现。

乌贼：和章鱼是近亲的海洋动物。

物种：生物分类最基础的单元，同一物种的成员外形相似，而且能产下有繁殖能力的后代。

蜥脚类：从原蜥脚类进化而来，长着长颈的植食性恐龙。

蜥脚类：包含原蜥脚类和真蜥脚类的类群。

蜥臀类：恐龙的两个主要类群之一。

细菌：一种小得只能通过显微镜才能观察到的生物。

小行星：比矮行星小的大型宇宙岩石。

新生代：恐龙灭绝后的纪元，从6500万年前开始直到现在。

行迹：一串足迹化石。

翼龙类：能利用伸展的皮膜构成的翅膀飞行的爬行动物，生活在中生代。

鱼龙类：一类酷似海豚的海洋爬行动物。

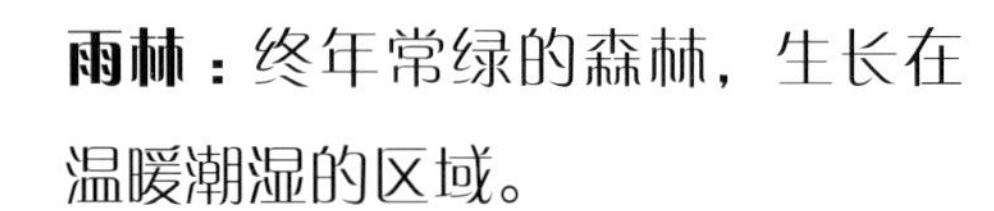

雨林：终年常绿的森林，生长在温暖潮湿的区域。

原始：早期的、未高度进化的状态。

原蜥脚类：最早的长颈类植食性恐龙，比蜥脚类出现得要早。

杂食性动物：既能以植物为食也能以动物为食的动物。

植食性动物：以植物为食的动物。

中生代：恐龙生活的时代，从距今2.51亿年前到6600万年前。

肿头龙类：有着加厚头骨的恐龙。

种群：一大群动物聚集在一起生活，通常是为了繁殖。

侏罗纪：构成中生代的三个时期中的第二个时期，从2亿年前到1.45亿年前。

祖先：进化为其他物种的原始物种。

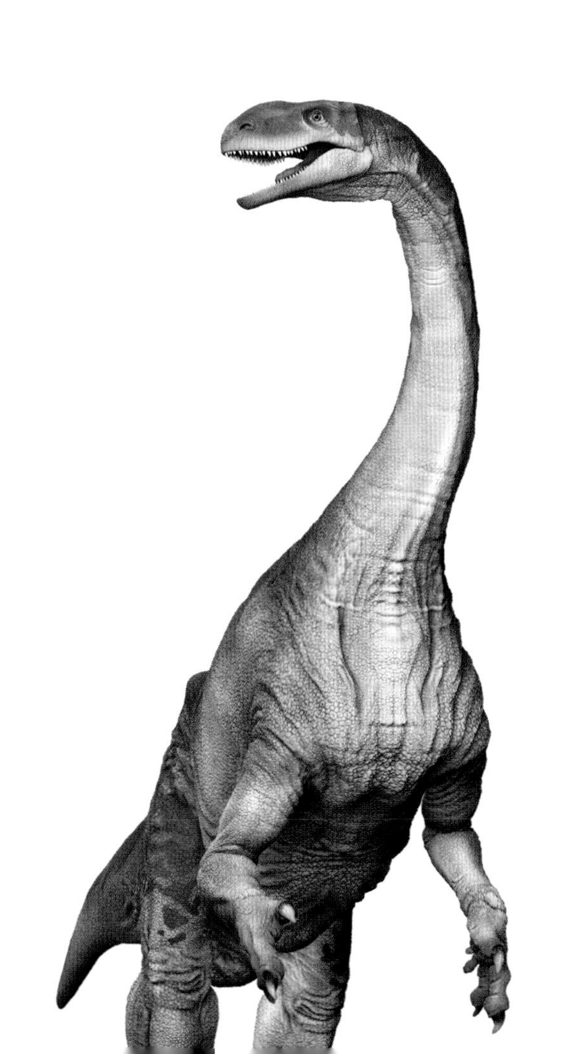

Dorling Kindersley would like to thank the following people for their assistance in the preparation of this book: Vaibhav Rastogi for design assistance and Carron Brown for proofreading and compiling the index.

Picture credits
The publisher would like to thank the following for their kind permission to reproduce their photographs:

(Key: a-above; b-below/bottom; c-centre; f-far; l-left; r-right; t-top)

1 Dorling Kindersley: Peter Minister, Digital Sculptor (c). **2-3 Corbis:** Ethan Welty / Aurora Open (c/Background). **4 Dorling Kindersley:** Jon Hughes and Russell Gooday (cb); Peter Minister, Digital Sculptor (cl). **4-5 Dorling Kindersley:** Jonathan Hately - modelmaker (bc). **Dreamstime.com:** Toma Iulian (Background). **5 Corbis:** Grant Delin (cra). **Dorling Kindersley:** Jon Hughes (crb); Peter Minister, Digital Sculptor (tl). **6 Dorling Kindersley:** Jon Hughes (c). **7 Dorling Kindersley:** Jon Hughes (t, cra, bl). **8 Dorling Kindersley:** Natural History Museum, London (ca, bl); Sedgwick Museum of Geology, Cambridge (bc). **9 Dorling Kindersley:** Natural History Museum, London (tl); Senckenberg Gesellshaft Fuer Naturforschugn Museum (bc). **Getty Images:** Tom Bean / Photographer's Choice (tr). **10-11 Corbis:** Louie Psihoyos. **10 Corbis:** Imaginechina (ca). **Getty Images:** AFP (bc); Patrick Aventurier (cl). **11 Dorling Kindersley:** Jon Hughes and Russell Gooday (bl); Natural History Museum, London (tr, cra, crb). **Dreamstime.com:** Bartlomiej Jaworski (tl). **12 Corbis:** Imaginechina (cb/Bird). **Getty Images:** Rudi Gobbo / E+ (bl); Runstudio / The Image Bank (cb). **13 Corbis:** George Steinmetz (tr/Skeleton). **Dreamstime.com:** Brad Calkins (cb); Tanikewak (bl). **Getty Images:** Jupiterimages / Comstock Images (cl/Dish, tr); O. Louis Mazzatenta / National Geographic (cl); Rudi Gobbo / E+ (br). **14 Dorling Kindersley:** David Donkin - modelmaker (cl, cr). **15 Dorling Kindersley:** David Donkin - modelmaker (b). **Science Photo Library:** Henning Dalhoff (c). **16 Dorling Kindersley:** Jon Hughes (cl). **17 Dorling Kindersley:** Jon Hughes (tl); Jon Hughes and Russell Gooday (cl, tc, cr); Jonathan Hately - modelmaker (tr). **18 Dorling Kindersley:** Jon Hughes (bl); Peter Minister, digital sculptor (cl). **18-19 Dorling Kindersley:** Peter Minister, Digital Sculptor (c). **Fotolia:** Strezhnev Pavel. **19 Dorling Kindersley:** Peter Minister, Digital Sculptor (br). **20 Dorling Kindersley:** Jon Hughes (t). **20-21 Dorling Kindersley:** Senckenberg Nature Museum, Frankfurt. **22 Dorling Kindersley:** Jon Hughes (clb, bc). **22-23 Dorling Kindersley:** Peter Minister, Digital Sculptor (c). **23 Dorling Kindersley:** Peter Minister, Digital Sculptor (tl). **Getty Images:** Mark Garlick / Science Photo Library (c). **24 Dorling Kindersley:** Robert L. Braun (cla); Peter Minister, digital sculptor (bl). **24-25 Dorling Kindersley:** Jon Hughes and Russell Gooday (c). **25 Dorling Kindersley:** Peter Minister, Digital Sculptor (br). **26-27 Dorling Kindersley:** Royal Tyrrell Museum of Palaeontology, Alberta, Canada (t). **26 Science Photo Library:** Pascal Goetgheluck (cra). **27 Dorling Kindersley:** Senckenberg Gesellshaft Fuer Naturforschugn Museum (br). **28-29 Dorling Kindersley:** Graham High at Centaur Studios - modelmaker (bc). **29 Corbis:** Louie Psihoyos (tr). **30-31 Getty Images:** Jeff Chiasson / E+ (c). **31 Dorling Kindersley:** Jon Hughes and Russell Gooday (tr); Royal Tyrrell Museum of Palaeontology, Alberta, Canada (cra). **Science Photo Library:** Roger Harris (br). **32 Getty Images:** Science Picture Company / Collection Mix: Subjects (br). **34 Dorling Kindersley:** Peter Minister, Digital Sculptor (bl). **35 Dorling Kindersley:** Peter Minister, Digital Sculptor (tl). **36 Dorling Kindersley:** Luis Rey (bl). **36-37 Dorling Kindersley:** Peter Minister, Digital Sculptor (bc). **37 Dorling Kindersley:** Peter Minister, Digital Sculptor (tl, br). **38 Corbis:** Kevin Schafer (bl/background). **Dorling Kindersley:** Jon Hughes and Russell Gooday (c, bl). **38-39 Claire Cordier:** (background). **39 The Natural History Museum, London:** (cl). **Science Photo Library:** Jaime Chirinos (br). **40-41 Dorling Kindersley**: Peter Minister, Digital Sculptor. **42-43 Dorling Kindersley:** Peter Minister, Digital Sculptor (bc, tc). **43 Dorling Kindersley:** Peter Minister, Digital Sculptor (c). **44 Dorling Kindersley:** Jon Hughes and Russell Gooday (bl, bc); Peter Minister, Digital Sculptor (cb). **45 Dorling Kindersley:** Peter Minister, digital sculptor (bc). **46 Corbis:** Imaginechina (clb). **Dorling Kindersley:** Robert L. Braun - modelmaker (bc). **47 Alamy Images:** FLPA (tl). **48 Alamy Images:** Sabena Jane Blackbird (c). **49 Dorling Kindersley:** Bedrock Studios (r); Robert L. Braun - modelmaker (tl). **Getty Images:** Jeffrey L. Osborn / National Geographic (cl). **50 Dorling Kindersley:** Jon Hughes (c); Staab Studios - modelmaker (bl). **50-51 Getty Images:** dem10 / E+. **51 Dorling Kindersley:** Jon Hughes and Russell Gooday (tr); Jon Hughes (cl); John Holmes - modelmaker (b). **52 Dorling Kindersley:** Peter Minister, Digital Sculptor (bl). **Fotolia:** Yong Hian Lim (bc). **52-53 Dorling Kindersley:** Peter Minister, Digital Sculptor (cb). **Fotolia:** DM7 (tc). **53 Dorling Kindersley:** Peter Minister, Digital Sculptor (tr, br). **54 Dorling Kindersley:** Peter Minister, Digital Sculptor (cra, bl). **55 Dorling Kindersley:** Jonathan Hately - modelmaker (br); Natural History Museum, London (clb, cl). **56-57 Dorling Kindersley:** Peter Minister, Digital Sculptor (b). **57 Dorling Kindersley:** Royal Tyrrell Museum of Palaeontology, Alberta, Canada (tl). **58-59 Dreamstime.com:** Ralf Kraft (bc). **58 Dreamstime.com:** Ralf Kraft (bc, cr). **59 Dreamstime.com:** Ralf Kraft (tl, crb, b). **60-61 Dorling Kindersley:** Jon Hughes and Russell Gooday (bc). **61 Alamy Images:** Stocktrek Images, Inc. (tr). **Dorling Kindersley:** Peter Minister, Digital Sculptor (br). **62 Dorling Kindersley:** Graham High - modelmaker (cla). **Getty Images:** Sciepro / Science Photo Library (br). **63 Dorling Kindersley:** Peter Minister, Digital Sculptor (bl); Roby Braun - modelmaker (tl). **Fotolia:** Dario Sabljak (tr). **PunchStock:** Stockbyte (bl/Frame). **64 Dorling Kindersley:** Peter Minister, Digital Sculptor (tr). **65 Dorling Kindersley:** Jonathan Hateley (tl); Peter Minister, Digital Sculptor (br). **Science Photo Library:** Christian Darkin (c). **66 Dorling Kindersley:** John Holmes - modelmaker (bc). **67 Dorling Kindersley:** Jon Huges (br). **68 Dorling Kindersley:** Natural History Museum, London (cl); Peter Minister, Digital Sculptor (clb). **68-69 Dorling Kindersley:** Peter Minister, Digital Sculptor (c). **69 Dorling Kindersley:** John Holmes - model maker (cra); Peter Minister, Digital Sculptor (br). **70-71 Corbis:** Alan Traeger (Background). **Dorling Kindersley:** Peter Minister, digital sculptor. **71 Dorling Kindersley:** John Holmes - model maker (tr). **72-73 Dorling Kindersley:** Peter Minister, Digital Sculptor. **Getty Images:** Panoramic Images (Background). **74 Corbis:** Mark Stevenson / Stocktrek Images (c). **Dreamstime.com:** Rtguest (br). **Science Photo Library:** D. Van Ravenswaay (crb). **75 Corbis:** Kevin Schafer (cl). **Dorling Kindersley:** Jon Hughes (bc). **Dreamstime.com:** Rtguest (cr). **76 Corbis:** Frans Lanting (cr); Ocean (bl). **77 Dorling Kindersley:** Bedrock Studios (tr); Jon Hughes (clb); Jon Hughes and Russell Gooday (cr). **78 Dorling Kindersley:** Peter Minister, Digital Sculptor (tr). **79 Dorling Kindersley:** Peter Minister, Digital Sculptor (bl, tr). **80 Dorling Kindersley:** Bedrock Studios (tc)